プチナース BOOKS BASIC

看護に必要な

やりなおし
生物・化学

著 時政孝行

照林社

はじめに

　看護学校に入学してしばらくすると「人体」についての講義が始まります。人体のことを「最後のフロンティア」、あるいは「驚異の小宇宙」などと形容する科学者がいますが、これらの形容にはいまだ十分に解明されていない不思議な世界という意味が込められているのではないでしょうか。

　この不思議な世界について勉強しようと思えば、たくさんの本を読まなければなりません。ときには物理や化学の教科書を読む必要に迫られるかもしれません。

　しかし、ここでトラブルが発生します。つまり、「中学時代から苦手だったのに……」、「高校時代に一応は勉強したけれど……」という問題。入試科目に理系が入っておらず、3科目（生物、物理、化学）とも勉強不足などというケース以外に、最近増加傾向にある社会人入学の場合には、「10年前は得意だったけれど……」などのケースも目立ちます。

　せっかく看護師をめざして入学したのです。ここでくじけてはいけません。

　そこで、1つの解決策として、「理系科目の食わず嫌い」にならないように専門基礎科目が始まるまでに高校時代の理系科目をざっとおさらいできるテキストをつくりました。テキストは数学、物理、生物、化学の4部構成です（数学、物理は別書籍）。看護学校で必要とされる基礎知識を補完していこうという狙いで執筆しましたので、大いに活用されるように願っています。国試過去問も演習しますので、国試対策の一環としても大いに活用していただければ幸いです。

著者

看護に必要な 生物 CONTENTS

第1章
2 **看護×生物**
なぜ看護に生物が必要なのか、その理由

第2章
6 **看護に必要な物質の構成の話（生物編）**

6 **細胞のしくみ**
- 6 細胞
- 7 DNA

11 **細胞のはたらき**
- 11 酵素（エンザイム）
- 12 触媒
- 13 基質特異性
- 14 酵素の特徴
- 15 細胞膜
- 15 細胞内のイオン環境
- 15 ドナン平衡
- 17 カリウムイオンの分布
- 17 カリウムイオンの平衡電位
- 19 ナトリウムポンプ
- 20 興奮と興奮の伝導
- 20 活動電位の波形
- 22 興奮の伝導
- 24 シナプスと興奮の伝達
- 25 アクチンとミオシン

第3章
26 **看護に必要な遺伝の話**
- 26 細胞の分裂
- 27 染色体と減数分裂
- 28 血液型
- 29 赤緑色覚異常
- 29 染色体異常
- 30 遺伝子突然変異
- 30 遺伝子組み換え

第4章
32 **看護に必要な刺激と反応の話**

32 **刺激の伝達のしくみ**
- 32 神経筋伝達
- 33 アクチンとミオシンの相互作用
- 35 中枢神経系 ―脳と脊髄―
- 37 脊髄と伝導路
- 38 末梢神経系
- 38 深部感覚と伸張反射

40 **特殊感覚**―視覚、聴覚・平衡覚、嗅覚、味覚―
- 40 視覚
- 41 聴覚
- 41 平衡覚
- 42 嗅覚、味覚

第5章
44 **看護に必要な生体の恒常性の話**

44 **体液の恒常性**―血液のはたらき―
- 45 血液の性質
- 46 ヘモグロビン（血色素）

46 **生体防御のしくみ**
- 47 単球、マクロファージの特徴
- 48 リンパ球の特徴
- 48 免疫応答メカニズム
- 49 免疫グロブリンの特徴
- 49 血液凝固

51 **循環器系のしくみ**
- 51 心臓と血管
- 51 循環システム
- 52 心臓の自動能

53 **呼吸器系のしくみ**
- 54 肺と呼吸
- 55 酸素分圧
- 55 肺胞でのガス交換
- 56 組織でのガス交換
- 58 呼吸の神経性調節

58 **排泄や吸収のしくみ**―泌尿器系と消化器系―
- 58 腎臓
- 60 ネフロン
- 60 水の再吸収
- 61 ブドウ糖やナトリウムの再吸収
- 62 窒素化合物や尿酸の再吸収
- 62 水素イオンの分泌
- 62 腎臓の内分泌機能
- 63 肝臓

65 **内分泌系のしくみ**
- 65 おもなホルモン
- 66 ホルモンの合成とその調節
- 67 ホルモンの受容体

68 **生殖のしくみ**
- 68 性周期
- 69 基礎体温
- 69 性周期とホルモン
- 70 妊娠
- 70 分娩と授乳

71 **体温のしくみ**
- 71 核心温の指標（直腸温、口腔温、腋窩温）
- 71 体熱の産生
- 71 体温調節
- 72 体温の周期的変動

73 **神経のしくみ**
- 73 自律神経系
- 74 自律神経の薬理学

78 **演習問題　解答・解説**

Note
- 7 ①「細胞」の名前の由来
- 20 ②ナトリウムポンプと脱水
- 31 ③遺伝の用語
- 55 ④肺呼吸に必要な刺激
- 73 ⑤腸管神経系の行方
- 77 ⑥身近な薬の薬理学

演習問題
- 11 ①細胞・DNA
- 17 ②ドナン平衡
- 19 ③平衡電位
- 27 ④染色体
- 30 ⑤先天異常
- 36 ⑥脳のはたらき
- 40 ⑦伸張反射
- 50 ⑧生体防御
- 53 ⑨循環器系
- 66 ⑩ホルモン
- 77 ⑪薬の作用

看護に必要な 化学 CONTENTS

第1章
84 看護×化学
なぜ看護に化学が必要なのか、その理由

第2章
88 看護に必要な物質の構成の話（化学編）

88 さまざまな物質の構成
- 88 元素と原子
- 89 電子殻
- 90 希ガスとその電子配置
- 91 周期律と周期律表
- 92 イオン
- 93 イオン結合
- 94 分子と共有結合
- 95 金属と金属結合

96 物質量と化学反応
- 96 原子量と分子量
- 98 当量とモル質量
- 99 溶液の濃度
- 101 液体の蒸発と蒸気圧
- 102 気体の溶解度
- 103 浸透圧
- 104 電解質溶液の浸透圧

第3章
106 看護に重要な物質の変化の話
- 106 化学反応と化学反応式のつくり方
- 107 熱化学方程式
- 108 化学反応の速さと化学平衡
- 109 電解質溶液の平衡
- 110 酸と塩基
- 110 水素イオン濃度とpH
- 111 塩の性質

第4章
112 看護に重要な無機化合物と有機化合物の話

112 無機化合物
- 112 元素の分類
- 113 必須微量元素
- 114 ビスマス

115 有機化合物
- 115 有機化合物の特徴
- 115 官能基
- 116 アルコール
- 118 芳香族化合物

第5章
120 私たちの生活と物質との関係

120 糖質
- 120 グルコース（ブドウ糖）
- 121 グルコース（ブドウ糖）代謝

122 アミノ酸とタンパク質
- 122 アミノ酸
- 124 アミノ酸の配列順序
- 124 タンパク質
- 126 タンパク質・アミノ酸代謝

127 脂質

128 核酸
- 129 ATPの構造と機能

130 ビタミン
- 130 ビタミンB_1
- 131 ビタミンB_3
- 132 ビタミンB_5
- 132 ビタミンB_6
- 132 ビタミンK
- 132 悪性貧血
- 133 ビタミンD

134 演習問題　解答・解説

Note
- 89 ①元素と原子
- 114 ②チャネルの選択性
- 117 ③有機化合物の表記
- 119 ④アスピリンの歴史

演習問題
- 92 ①周期律
- 98 ②当量
- 100 ③濃度
- 101 ④液体の蒸発
- 105 ⑤浸透圧
- 108 ⑥熱化学方程式
- 123 ⑦アミノ酸
- 133 ⑧ビタミン

コラム
82 生物・化学の国試対策の最重要ポイント

巻末資料
- 136 周期律表
- 137 索引

装丁　　　　　ビーワークス
本文デザイン・DTP　林慎悟（D.tribe）
本文DTP　　　明昌堂
表紙イラスト　ウマカケバクミコ
ロゴイラスト　ウマカケバクミコ
本文イラスト　Igloo*dining*、今崎和広

本書の使い方

本書では、看護に必要な「生物」「化学」を、
中学・高校レベルの知識を踏まえながら解説します。
より効率よくやりなおしできるよう、本書の活用法を紹介します。

1 看護とのかかわりを知る！
第1章で、まずは各科目が看護の勉強にどのようにかかわるのかを知りましょう。

2 基礎知識を見直す！
本文に入る前に、各科目で基本となる用語や単位についておさらいしましょう。覚えていなくてもだいじょうぶ！　本文でわからないところがあれば、このページに戻ってチェックしましょう。

3 やりなおしを始める！
ベースができたら本文でやりなおしを始めましょう。

解説にもこんな特徴があります

例題を解いて理解を確実にする！
解説の途中に看護師国家試験の過去問などを用いた例題があります。例題を解くことで、より理解が深まります。解答・解説にも大切なことが載っているので、チェックしておきましょう。

解いてみよう!!

演習問題を解いて応用力を身につける！
例題だけではなく、演習問題も用意しました。理解の確認に役立つ応用問題になっています。解答・解説は各パートの末に用意してありますので、まずはチャレンジしてから解説を読みましょう。

確認のためもう一度トライ！　演習問題 1

Noteで幅広い知識を得る！
解説に関連した、最新知識や臨床的な話題、教養知識などを Note で紹介しました。教科書には載っていないような話題ばかりですので、楽しんで読んでください。

Note 1

『看護に必要な やりなおし数学・物理』
著●時政孝行　定価●本体1,600円＋税／B5判128頁

あわせて活用してね！

看護に必要な 生物

看護の勉強は、人体のしくみを学ぶことから始まるといってもよいでしょう。
そして、その土台は生物の学びにあります。
生理学や生化学は、多くの学生がニガテ意識をもちやすい科目ですが、
高校時代に学んだ生物をやりなおすと、理解も早まります。
特に、看護に必要とされる人体にまつわる基礎知識をピックアップしましたので、
効率よく復習を進めることができます！

CONTENTS

- **第1章** 看護×生物 なぜ看護に生物が必要なのか、その理由 ……… 2
- **第2章** 看護に必要な物質の構成の話（生物編）……… 6
- **第3章** 看護に必要な遺伝の話 ……… 26
- **第4章** 看護に必要な刺激と反応の話 ……… 32
- **第5章** 看護に必要な生体の恒常性の話 ……… 44
- **生物** 演習問題の解答・解説 ……… 78

看護に必要な
生物　第1章

看護×生物
なぜ看護に生物が必要なのか、その理由

　大学の理学部に数学科、物理学科、化学科、生物学科などがあることからもわかるように、理学とは数学、物理学、化学、生物学などの総称です。中学・高校で学習する理系4教科（数学、物理、化学、生物）はこれらの入門編、あるいはダイジェスト版と考えることもできます。

　さて、看護学には2つの側面があります。1つは病人を看護するという側面で、これは人間がテーマという意味では文学に通じます。他方はヒト（＝動物）を取り扱う理学の側面です。

　したがって、看護の世界に入ろうとしているみなさん、看護のプロをめざしているみなさんが理学の入門編を終えたままのレベルに留まることは許されないことだと考えてください。実際問題として、入門編を終えたままのレベルで「人体」を理解することは不可能に近いと思います。

　本書のテーマは生物（生物Ⅰ・Ⅱ）と化学（化学Ⅰ・Ⅱ）です。そして、その生物Ⅰ・Ⅱは「人体」に直結する領域です。専門基礎科目「人体の構造と機能」の大半は解剖・生理学の講義・実習ですが、これは国試必修問題に直結します。

　ここまで説明されてもまだ、「なぜ看護に生物が必要なの？」と思われる方のために、国試の過去問を4つ紹介します。すべて生物Ⅰレベルの問題です。スラスラと全問正解できた方は本書の相当部分をスキップできるかもしれません。チャレンジしてみてください。

　本文の復習範囲は「生物Ⅰ・Ⅱ」ですが、「人体」に関係する内容を優先させるため、植物については原則的に割愛しました。そのかわり、細胞の興奮については中学・高校までの学習範囲を越えた内容を追加しました。

　なお、生物学には「人」、「人間」、「個人」という用語はありません。それぞれに対応するのは「ヒト」、「人体」、「個体」です。「生体」という用語も登場しますが、それは人体の類語と考えてください。

生物に関する国試過去問

遺伝に関する問題

第99回 午前問題 6 ※必修問題

精子の性染色体はどれか。
1. X染色体1種類
2. XY染色体1種類
3. X染色体とY染色体の2種類
4. XX染色体とXY染色体の2種類

解答・解説

[解答] 3

[解説] 性染色体はX染色体とY染色体の2種類。この2つの組み合わせで雌雄が決まり、XXで女性、XYで男性となります。

体液の循環に関する問題

第95回 午前問題 11 ※必修問題

部位と流れる血液との組合せで正しいのはどれか。
1. 肺動脈 ―― 動脈血
2. 肺静脈 ―― 静脈血
3. 右心房 ―― 動脈血
4. 左心室 ―― 動脈血

解答・解説

[解答] 4

[解説] 動脈血と静脈血を赤とグレーで色分けすると図のようになります。

VCS＝上大静脈
VCI＝下大静脈
PA＝肺動脈
PV＝肺静脈
RA＝右心房
RV＝右心室
LA＝左心房
LV＝左心室
AO＝大動脈

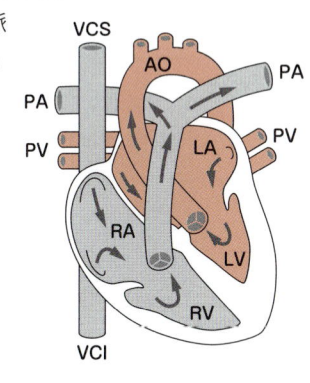

ホルモンに関する問題

第95回 午後問題 12

腎臓でナトリウムイオンの再吸収を促進するのはどれか。
1. バソプレシン
2. アルドステロン
3. レニン
4. 心房性ナトリウム利尿ペプチド

解答・解説

[解答] 2

[解説] 副腎皮質から出る副腎皮質ホルモンのアルドステロンは、尿細管のナトリウムの再吸収を促進します。

神経の作用に関する問題

第102回 午後問題 81

副交感神経の作用はどれか。**2つ選べ。**
1. 瞳孔の散大
2. 発汗の促進
3. 心拍数の低下
4. 気管支の拡張
5. 消化液の分泌亢進

解答・解説

[解答] 3、5

[解説] 1の瞳孔の散大、2の発汗の促進、4の気管支の拡張は交感神経のはたらきです。

生物1 看護×生物 なぜ看護に生物が必要なのか、その理由

これだけは覚えておこう！

生物に必要な基本の用語・単位

生物の学習をしていく前に、
本書で特に重要となる基本の用語と単位をおさらいしておきましょう。

1 おさえておきたい基本用語

生体のしくみを学ぶうえで重要な用語です。
本書でよく出てくる用語なので、意味をきちんと覚えておきましょう。

細胞	生物はみな細胞からできています。生物の構造やはたらきの基本単位となるものが細胞です
細胞の三大要素	細胞核、細胞質、細胞膜のことです
DNA（デオキシリボ核酸）	遺伝情報の担い手で、「相補性」を利用した二重らせん構造は「半保存的」に複製されます。P.7で詳しく説明します
コドン	タンパク質合成の暗号指令で、別名は「トリプレット」といいます
脂質二重層	細胞膜の代名詞です。細胞膜は、二重になった脂質分子層の間にタンパク質分子がはさまっている構造をしています
興奮	活動電位、あるいは活動電位を発生することです
活動電位	細胞膜に刺激が加わると、刺激が加わった部分の細胞膜のNa^+に対する透過性が高まります（つまりNa^+を通しやすくなります）。その結果、平衡電位のシフトが生じ、細胞膜の内側が＋（正）に、外側が－（負）になり、電位の逆転が起こります。これを活動電位といいます
伝導	細胞の軸索を興奮が伝わることです
インパルス	伝導する興奮のことです
伝達	1つの細胞から隣の細胞に興奮が伝わることです。インパルスはシナプス伝達によって隣接する細胞に伝達されます
恒常性（ホメオスタシス）	外部環境の変化に関係なく、人体の内部環境が一定に保たれることをいいます。恒常性の維持については、P.44から詳しく説明します

2 よく出る単位

生物の分野でよく見かける単位を取り上げました。

mm（ミリメートル）	1m＝1000mm。m（ミリ）は10^{-3}なので、つまり10^{-3}m
μm（マイクロメートル）	1m＝1000000μm。μ（マイクロ）は10^{-6}なので、つまり10^{-6}m
nm（ナノメートル）	1m＝1000000000nm。n（ナノ）は10^{-9}なので、つまり10^{-9}m
mol、M（モル）	1mol＝$6.02×10^{23}$（これをアボガドロ数といいます）

③ 人体のしくみの基本となる組織と器官

動物の組織は、構成する細胞の形・はたらき、配列のしかたなどによって4種類に分けられます。

❶ 上皮組織

体表面や体内の腔の内表面を覆う組織で、腺もつくる。

● 機能からみた種類

種類	はたらき・特徴	例
保護上皮	内部の保護	皮膚の表皮
吸収上皮	水分・養分の吸収	消化管の内表面、腎臓の尿細管
感覚上皮	感覚細胞を含み、刺激を受け入れる	網膜、嗅上皮
腺上皮	分泌細胞(腺細胞)を含み、液を分泌する	外分泌腺(汗腺、胃腺)、内分泌腺(下垂体)

● 形態上からみた種類
　扁平上皮、立方上皮、柱状上皮など

● 細胞の並び方からみた種類
　単層上皮、重層上皮

❷ 筋組織

収縮性に富む筋細胞(筋線維)からなり、運動に関与する。

● 機能からみた種類

種類	はたらき・特徴	例
横紋筋	明暗の横縞のある横紋筋線維からなる。収縮速度は大きいが持続性に欠ける	骨格筋(随意筋)、心筋(不随意筋)
平滑筋	紡錘形。1核で、明暗の横縞のない平滑筋線維からなる。収縮速度は遅いが持続性がある。不随意筋	心臓を除く内臓器官、動脈血管壁

❸ 神経組織

刺激反応性とその興奮伝達がとくに発達した神経細胞(ニューロン:神経単位)とその間を埋める神経膠細胞(グリア細胞)からなり、統一のとれた神経活動を行う。神経ホルモンを分泌する。

❹ 結合組織

組織や器官の間を満たし、結合・支持にはたらく。基本となる細胞と細胞外基質からできている。

● 機能からみた種類

種類	はたらき・特徴	例
膠質性結合組織	基質はゼラチン状の膠質(コロイド)で一様なつくり	臍の緒
繊維性結合	基質にコラーゲン繊維などを含み、弾性をもつ	腱組織、靱帯
網様結合組織	細網細胞と細網組織。造血、血球破壊、食菌	骨髄、脾臓、リンパ節
脂肪組織	脂肪粒を含む脂肪組織	皮下脂肪、脂肪体
軟骨組織	軟骨細胞と弾性に富む軟骨質	関節、鼻骨の軟骨
骨組織	骨細胞と固い骨質。骨質中に血管と神経の通るハーバース管をもつ	骨
血液とリンパ液	血球やリンパ球が基本細胞、血漿やリンパ液が基質	――

生物1　看護×生物　なぜ看護に生物が必要なのか、その理由

看護に必要な
生物

第2章

看護に必要な物質の構成の話（生物編）

まずは、私たちの体を構成しているさまざまな物質についての話です。人体のしくみの基本となる内容ですので、しっかりおさらいしましょう。

細胞のしくみ

細胞

人体は約60兆個の細胞から構成されています。直径が10μm前後の神経細胞から長さが数cmもある筋肉細胞まで、種類も大きさもさまざまですが、三大要素は細胞核、細胞質、細胞膜です（図1・表1）。

細胞核は遺伝情報の管理・複製センターで、タンパク質合成の設計図が書き込まれたDNA（deoxyribonucleic acid：デオキシリボ核酸）が保管されています。この設計図は親から子、子から孫へと引き継がれます。

細胞質はエネルギーとタンパク質の製造工場で、ミトコンドリアがエネルギー生産、リボソームがタンパク質合成を担当します。

細胞膜は細胞内外を仕切る隔壁ですが、単なる壁ではありません。半透膜の性質をもっているうえに、膜内に組み込んだ各種のタンパク質（受容

■図1　細胞の基本構造

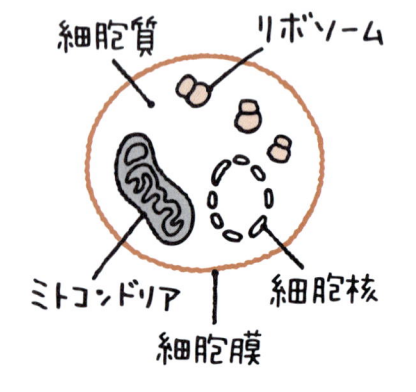

■表1　細胞の三大要素のはたらき

細胞核	●遺伝情報の管理・複製センター ●タンパク質合成の指令センター
細胞質	●エネルギー生産—ミトコンドリア ●タンパク質合成—リボソーム
細胞膜 （多機能性の半透膜）	●刺激の受容 ●物質の輸送

Note 1

「細胞」の名前の由来

英語のcell（独語ではZelle）を「細胞」という日本語に翻訳したのは、江戸時代の蘭学者、宇田川榕菴（1798〜1846）だとされています。細菌類やラン藻類より「高等」な生物では細胞核は核膜に包まれていますが、このような核をもつ細胞を**真核**細胞（ユーカリオ）と呼びます。1つの細胞に1つの細胞核というのが原則です。例外に、骨格筋細胞（1つの細胞に複数の細胞核）と赤血球（細胞核なし）があります。

真核細胞

真核細胞とは、核膜に包まれた核をもつ細胞という意味である。すべての生物のなかで、真核生物でないものは細菌類とラン藻類のみ。赤血球には核がないが、将来赤血球に分化する骨髄幹細胞はちゃんと核をもっている。

イオンチャネル

イオン（ion）とは電気を帯びた原子や分子、チャネル（channel）とは通路という意味。細胞膜などにあるタンパク質の一種で、イオンを通過させる通路のこと。

トランスポーター（transporter）

直訳すると「輸送するもの」という意味。その名のとおり、物質の輸送にかかわるタンパク質のこと。

ヌクレオチド

DNAの構成単位のこと。塩基、糖、リン酸からなる。ポリヌクレオチドについてはP.128の「核酸」の項を参照。

塩基

窒素を含む有機物のこと。DNAでは塩基はアデニン、グアニン、シトシン、チミンの4種類、RNAでは、チミンの代わりにウラシルが加わった4種類である。

相補

互いに不足を補うこと。

体、イオンチャネル、トランスポーター、酵素など）を動員して刺激を受容し、刺激に反応し、さらに、生命活動に必要不可欠な物質を輸送します。

DNA

DNAは**遺伝情報の担い手**です。今から情報の成り立ちを復習しますが、その前に、「化学」の核酸の項（P.128）にいってDNAの基本構造を確認しておいたほうが「急がば回れ」かもしれません。

基本構造のポイントは2つ、キーワードは「相補性」です。

> ● DNAは2本鎖のポリヌクレオチド
> ● 1本鎖の塩基配列がわかれば、もう1本の塩基配列がわかってしまう

相補性

この相補性について、**図2（P.8）**を使いながらもう少し詳しく説明します。

まずDNA鎖1（図右）に注目してください。塩基配列は、上から順に、アデニン（A）、グアニン（G）、シトシン（C）、チミン（T）、アデニン（A）です。略語だけの表記にするとAGCTA。塩基どうしの結合に関しては、**AはT、GはCとしか結合しない**というルールがあります。したがって、「DNA鎖1の塩基配列がAGCTAなら、DNA鎖2の塩基配列はTCGATでなければならない」という相補性が成立するのです。

生物2　看護に必要な物質の構成の話（生物編）

■図2 ヌクレオチドとDNAの構造

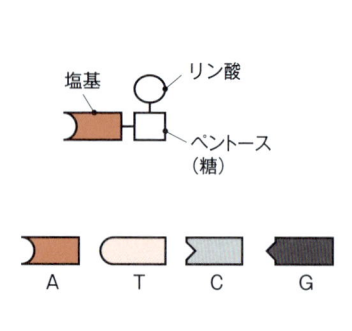

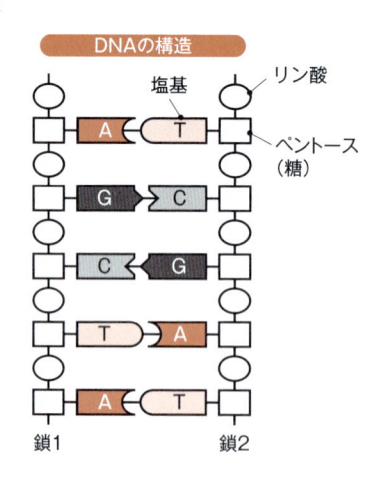

複製

　細胞分裂に際しては、親細胞のもつDNAの2本鎖のそれぞれに相補的なDNA鎖が複製されます。ここで、複製に関連した基本用語を再確認しておきましょう。

複製	親細胞のDNAと完全に同じ2本鎖DNAがもう1セットできること
転写	DNAの情報がリボ核酸（RNA）に写し取られること
翻訳	メッセンジャーRNA（mRNA）の情報に従い、タンパク質が合成されること

　DNA複製のキーワードは「半保存的複製」です。なぜ「半」なのかを少し詳しく説明します。2本鎖DNAは、細胞分裂の直前に、その二重らせん構造をほどき、それぞれのDNA鎖を鋳型にして新しい、しかし相補的なDNA鎖をつくります。そして、新旧のDNA鎖が再び二重らせん構造に戻ります。つまり、母細胞の2本鎖DNAのうち1本は必ず娘細胞に引き継がれるということです。

転写

　核酸には、DNAとRNA（ribonucleic acid：リボ核酸）があります。RNAはDNAと類似した核酸ですが、2種類あるピリミジン塩基は、シトシンとチミンではなくシトシンとウラシル。ウラシルは構造的にチミンと非常によく似ています。つまり、ウラシルがチミンの代わりを務めているわけです。糖もDNAと異なり、ペントース類のリボースです。

　DNAにはタンパク質合成の設計図が書き込まれています。指令書といったほうがふさわしいかもしれません。指令書は暗号化されています。RNAは、まず設計図を相補的に転写します。DNAの塩基配列がAGCTA

ピリミジン塩基

ヌクレオチド中の塩基は、プリン塩基とピリミジン塩基に分けられる。

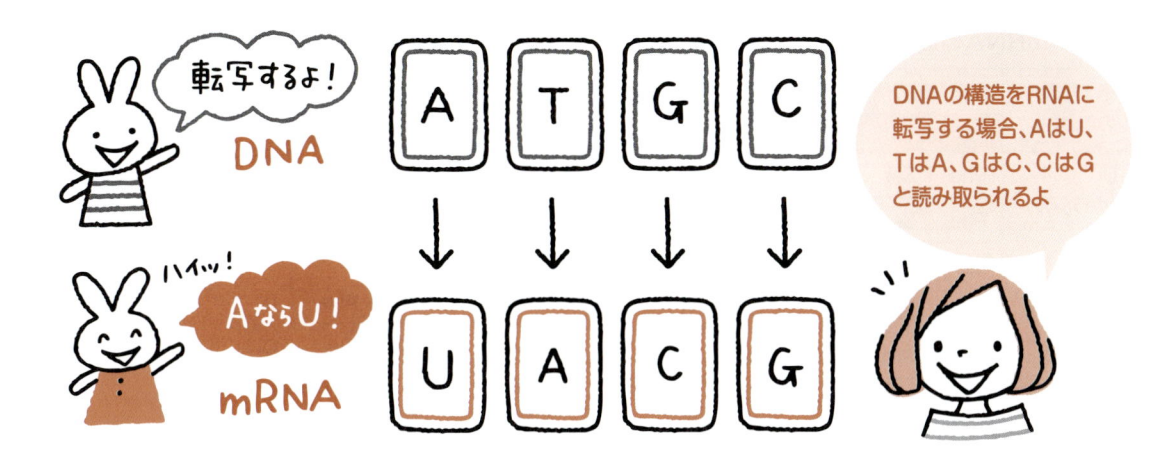

の場合、RNAの塩基配列はUCGAUになります。この転写を担当するRNAを**メッセンジャーRNA（mRNA）**と呼びますが、それはmRNAが暗号化された指令書をタンパク質合成工場である**リボソーム**まで運ぶ伝令役を果たしているからです。指定された原料（＝アミノ酸）を工場（リボソーム）に運んでくるのが**トランスファーRNA（tRNA）**です。

翻訳

暗号の翻訳は、**3塩基（正確には3塩基の配列順）で1つのアミノ酸を指定する**というルールに従います。これを**トリプレット**、あるいは**コドン**と呼びます。コドンが指定するアミノ酸はすでに解明されていて、それをまとめたものが**表2（P.10）**です。

例えば、DNA鎖の塩基配列がAGCの場合、mRNAはこれをUCGと転写します。では、コドンUCGが指定するアミノ酸を探してみましょう。第1塩基がU、第3塩基がGなので、第1塩基欄の最初の段の第4行目にあることがわかります。第4行目には左から右へ、UUGならLeu（ロイシン）、UCGならSer（セリン）、UAGなら終止、UGGならTrp（トリプトファン）と書かれています（アミノ酸の略称については**表3（P.10）**を参照してください）。したがって、正解はセリンです。

コドンAUGは翻訳開始を意味します（**開始コドン**）。指定アミノ酸はMet（メチオニン）。つまり、タンパク質合成は常に**メチオニン**から始まります。ただし、翻訳開始後にコドンAUGがあるときは、単純にメチオニンを指定します。**UAA、UAG、UGA**の3種類のコドンは翻訳終了の合図です（**終止コドン**）。つまり、DNA鎖上にATT、ATC、ACTというコドンが出現するとmRNAは翻訳をストップします。

セリンを指定するmRNAが細胞核から出てリボソームに移動すると、

■表2　mRNAの遺伝暗号表

第1番目の塩基	第2番目の塩基 U	C	A	G	第3番目の塩基
U（ウラシル）	Phe	Ser	Tyr	Cys	U
	Phe	Ser	Tyr	Cys	C
	Leu	Ser	終止	終止	A
	Leu	Ser	終止	Trp	G
C（シトシン）	Leu	Pro	His	Arg	U
	Leu	Pro	His	Arg	C
	Leu	Pro	Gln	Arg	A
	Leu	Pro	Gln	Arg	G
A（アデニン）	Ile	Thr	Asn	Ser	U
	Ile	Thr	Asn	Ser	C
	Ile	Thr	Lys	Arg	A
	Met	Thr	Lys	Arg	G
G（グアニン）	Val	Ala	Asp	Gly	U
	Val	Ala	Asp	Gly	C
	Val	Ala	Glu	Gly	A
	Val	Ala	Glu	Gly	G

終止とは、対応するアミノ酸がなく、そこに達するとポリペプチドの合成が終わることをいいます。

■表3　アミノ酸のアルファベット3文字表記と1文字表記

アミノ酸	略字	略字
アラニン	Ala	A
アルギニン	Arg	R
アスパラギン	Asn	N
アスパラギン酸	Asp	D
システイン	Cys	C
グルタミン	Gln	Q
グルタミン酸	Glu	E
グリシン	Gly	G
ヒスチジン	His	H
イソロイシン	Ile	I
ロイシン	Leu	L
リジン	Lys	K
メチオニン	Met	M
フェニルアラニン	Phe	F
プロリン	Pro	P
セリン	Ser	S
トレオニン	Thr	T
トリプトファン	Trp	W
チロシン	Tyr	Y
バリン	Val	V

tRNAがセリンを運んできます。tRNAにはアンチコドンと呼ばれる相補的な3塩基があり、セリンという情報を認識できます。コドンがUCGなので、アンチコドンはAGC。当然ですが、アンチコドンはDNA鎖のコドンAGCと一致するはずです。

> **mRNAの遺伝暗号表の特徴**
> - メチオニン（Met）を指定する暗号は1つしかない
> - その他のアミノ酸については、暗号が少なくとも2つ以上ある
> - 第3塩基の種類に関係なく同じアミノ酸を指定する暗号が多い、というより、むしろ大部分

確認のためもう一度トライ！ 演習問題 1

問題1 細胞内におけるエネルギー産生や呼吸に関与する細胞内小器官はどれか。
1. ミトコンドリア
2. リボソーム
3. ゴルジ体
4. 小胞体
5. 核

(第102回午前問題76)

問題2 遺伝で正しいのはどれか。
1. 細胞は器官によって異なる遺伝情報を持つ。
2. 3つの塩基で1種類のアミノ酸をコードする。
3. 動物と植物のDNAは異なる塩基を持つ。
4. 遺伝情報に基づき核内で蛋白合成が行われる。

(第95回午後問題1)

問題3 次のmRNAの遺伝暗号を解読せよ。
①AUG　②UAG　③GGG
④UAU　⑤GGU

正解は P.78 をチェック！

細胞のはたらき

酵素（エンザイム）

代謝(たいしゃ)（メタボリズム）とは、生命維持のために人体などの有機体が行う化学反応の総称です。有機体は、代謝によってその個体維持と種の保存を可能にしているといっても過言ではありません。

代謝は異化(いか)（カタボリズム）と同化(どうか)（アナボリズム）に分かれます（**表4**）。異化とは、細胞呼吸や発酵(はっこう)などのように有機体を分解することでエネルギーを獲得する過程、同化とは、タンパク質合成などのようにエネルギーを消費して有機物を合成する過程です。

もっと簡単にいえば、アデノシン三リン酸（ATP）をつくるなら異化、つくらないなら同化です。代謝では、エネルギー的に不利な反応を実行しなければならないことがありますが、このためになくてはならない物質が酵素（エンザイム）です。酵素は、細胞からのシグナル伝達の変化に反応し、代謝経路の調節やイオンの能動輸送も担当します。

アデノシン三リン酸（ATP）

アデノシン三リン酸（ATP: adenosine triphosphate）は、アデノシンにリン酸が3個結合したリン酸化合物。すべての生物がもっており、生命活動のエネルギーの源となる。

■表4 異化と同化の特徴

異化	物質の分解	発エネルギー反応	組織呼吸（内呼吸）
同化	物質の合成	吸エネルギー反応	タンパク質合成

生物2　看護に必要な物質の構成の話（生物編）

触媒

まず、**図3**と**図4**を使って最も代表的な酵素作用を復習します。

デンプンに塩酸を加え100℃に加熱するとデンプンが分解されて糖になりますが、これには何時間もかかります。ところが、pH7前後、37℃という非常に穏やかな反応条件下で唾液(だえき)を加えると、デンプンは速やかに分解されて糖になります。これは唾液に含まれるアミラーゼという酵素の作用によるものです(図3)。

化学反応には、その反応が始まるために乗り越えなければならないハードルがあります。それが活性化エネルギーです(図4)。一般に、化学反応に必要な活性化エネルギーを低下させ、その反応速度を速くするはたらきをもつ物質を触媒(しょくばい)と呼びます。触媒自体は反応の前後で変化せず、何度でも反応を促進させることが可能です。触媒には、無機物からなる無機触媒と有機物からなる有機触媒がありますが、酵素はすべて有機触媒としてはたらき、活性化エネルギーを低下させます(図4)。代表的な酵素を**表5**にリストアップしました。

■ 図3　デンプンの分解

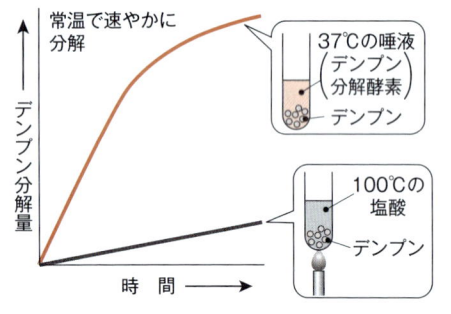

> 同じ時間でのデンプン分解量を比べると、唾液を加えたほうがはるかに多いね！

水野丈夫, 浅島誠 編：シグマベスト　理解しやすい生物Ⅰ・Ⅱ　改訂版. 文英堂, 東京, 2008：41図46より引用

■ 図4　酵素による活性化エネルギーの減少

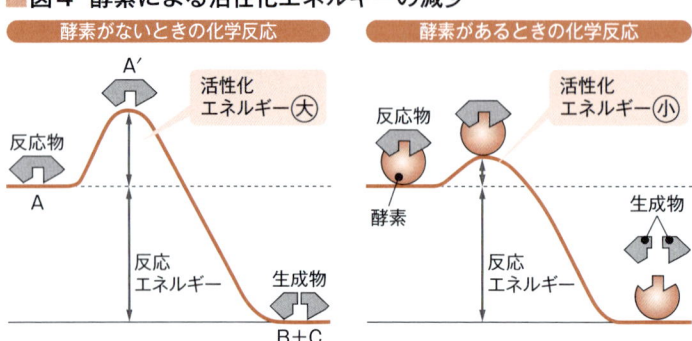

水野丈夫, 浅島誠 編：シグマベスト　理解しやすい生物Ⅰ・Ⅱ　改訂版. 文英堂, 東京, 2008：41図47より引用

■表5 代表的な酵素

加水分解酵素	炭水化物加水分解酵素	アミラーゼ
	タンパク質加水分解酵素	ペプシン
	脂肪加水分解酵素	リパーゼ
酸化還元酵素	脱水素酵素	デヒドロゲナーゼ
	酸化酵素	オキシダーゼ
	還元酵素	カタラーゼ
脱炭酸酵素	デカルボキシラーゼ	グルタミン酸デカルボキシラーゼ
転移酵素	トランスアミナーゼ	GOT*1 GPT*2

*1【GOT】glutamic-oxaloacetic transaminase: グルタミン酸オキサロ酢酸トランスアミナーゼ。AST（アスパラギン酸アミノトランスフェラーゼ）ともいう。

*2【GPT】glutamic-pyruvic transaminase: グルタミン酸ピルビン酸トランスアミナーゼ。ALT（アラニンアミノトランスフェラーゼ）ともいう。

基質特異性

　酵素が作用する物質、例えば図3でのデンプン、図4での帽子形の物質が基質です。図4に描かれた基質が、酵素から突き出た突起構造にぴったりのくぼみをもっていることが示すように、酵素の最大の特徴は高い基質特異性、つまり1つの酵素はある特定の基質としか結合しないことです。

　特異性をもう少し詳しく説明するための模式図が図5で、この図では酵素側が鍵穴、基質側が鍵として描かれています。そして、酵素本体に結合する楕円形の物質が、補酵素と呼ばれる低分子の有機物です。「化学」で復習するビタミンB群などが、代表的な補酵素としてはたらいています（P.130）。なお、補酵素が必要な酵素をアポ酵素、酵素側の鍵穴のような構造を活性部位と呼ぶこともおさえておきましょう。

■図5 酵素の基質特異性

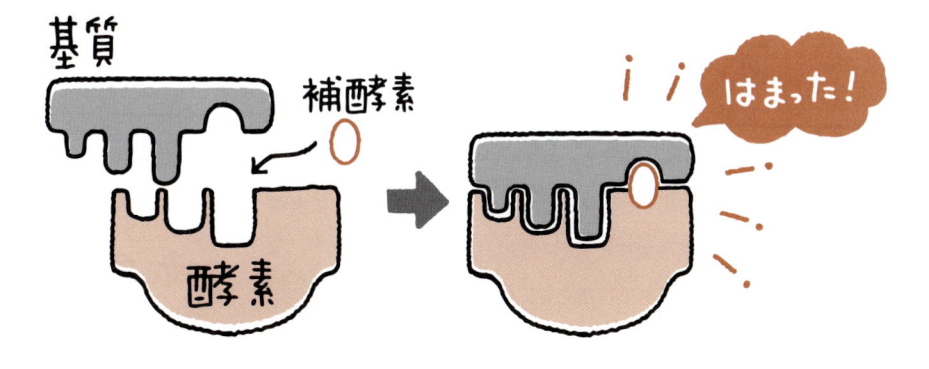

生物2　看護に必要な物質の構成の話（生物編）

酵素の特徴

ここで、酵素の特徴を整理しておきましょう。ポイントは3つです。

> ①最適温度は35〜40℃
> ②高温で失活する(不可逆性)……これはすべてのタンパク質に共通した性質です
> ③最適pHがある(表6)

反応速度

反応速度についての重要ポイントは、単位時間に形成される酵素基質複合体の数が多いほど化学反応が速くなること。酵素の量を一定にして基質の濃度を変化させたときの反応速度を調べると、基質濃度が低いときは酵素の量に比較して基質の量が少ないので、反応速度は基質の濃度に比例し、基質濃度が高いときは基質があまってしまい、反応速度は頭打ちになる。

■表6 酵素の最適pHの例

ペプシン	pH2付近	胃の中は強い酸性です
アミラーゼ	pH7付近	十二指腸内は膵液の影響で中性〜弱アルカリ性です
トリプシン	pH8付近	

解いてみよう!!

例題1

血液による二酸化炭素の運搬で最も多いのはどれか。
1. そのままの形で血漿中に溶解する。
2. 赤血球のヘモグロビンと結合する。
3. 重炭酸イオンになり血漿中に溶解する。
4. 炭酸水素ナトリウムになり血漿中に溶解する。

(第92回午前問題9)

解答・解説

[解答] 3

[解説] 二酸化炭素(気体)、つまり炭酸ガスに関する出題です。炭酸ガスは酸素に比べるとはるかに水に溶けやすい性質をもっています。サイダーやコーラは炭酸ガス飲料ですね。血液中の炭酸ガス量の約10%は血液に「溶けて」います。残り90%の内訳は、65%が重炭酸イオンHCO_3^-として、25%がヘモグロビンと結合しています。したがって、二酸化炭素の運搬に関与するのは1、2、3ですが、出題者が要求しているのはその順位です。

ダントツ1位は3。重要キーワードは、炭酸脱水酵素(CA:carbonic anhydrase)。炭酸ガスは水と反応すると炭酸になりますが、炭酸はすぐに水素イオンと重炭酸イオンに分離します。この反応速度は血漿中では数秒かかりますが、赤血球中では細胞質にCAが存在するため数ミリ秒で完了します。水素イオンと重炭酸イオンは、赤血球膜を通過して血漿中に溶解します。

赤血球
$$CO_2 + H_2O \underset{CA}{\rightleftharpoons} H_2CO_3 \rightleftharpoons H^+ + HCO_3^-$$

細胞膜

細胞膜については、どの教科書にも「脂質二重層」と書かれているはずです。これは細胞膜を電子顕微鏡で観察すると、明るく見える層と暗く見える層の3層構造をしているからです。図6はその模式図です。厚さは4〜10nm。

主成分のリン脂質(「化学」P.127参照)は、各分子の親水性(水になじみやすい)の頭部を細胞外(または細胞内)に、疎水性(水をはじきやすい)の尾部(シッポ)を膜内に向けて整列します。生きている細胞では、細胞膜を介して細胞内外に電位差(=電圧差)が発生しています。これが静止電位と呼ばれている現象で、骨格筋細胞や心筋細胞などでは約100mVに達します。最大の特徴は、細胞外を基準にすると、細胞内がマイナス(陰性)なこと。静止電位の計算方法については後で説明します(P.19)。

脂質二重層(細胞膜)には、物質輸送(受動輸送、能動輸送)、細胞接着、外界からの情報受容などを担当する多種多様なタンパク質が組み込まれています(図6)。

■図6 細胞膜の模式図

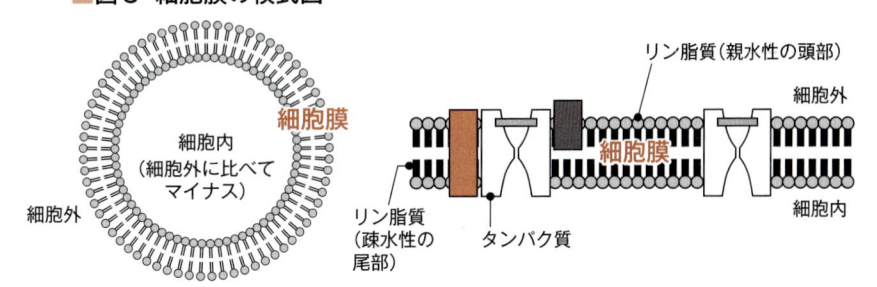

3種類ある膜の性質

溶液を膜で隔てたとき、その膜が溶液のどの成分を通すかという性質の違いに基づくと、膜は3種類に分類できる。①不透膜(溶媒も溶質も通さない)、②半透膜(小さい分子は通すが、大きな分子は通さない)、③全透膜(溶媒も溶質もすべて通す)。私たちの身のまわりの例では、ビニールが不透膜、セロハンが半透膜、ろ紙が全透膜である。

細胞膜は、水やイオン(Na^+、K^+、Cl^-、Ca^{2+}など)を比較的自由に通すので、半透膜の性質をもっている。濃度の異なる2つの溶液を半透膜で隔てると、浸透圧が発生するのは、濃度差を0にする方向に溶媒(=水)が移動するためである。

細胞内のイオン環境

細胞内と細胞外に電位差が発生していることはすでに紹介しましたが、これ以外にも大きな差異が認められます。それが電解質の濃度差で、模式的に表すと図7(P.16)のようになります。

ドナン平衡※

2つの異なった水溶液を作製し、A槽にRという陰イオンのカリウム塩KRの水溶液、B槽に塩化カリウムKClの水溶液を入れます。ただし、水

※中学・高校までの学習範囲を超えた内容ですが、看護に重要な濃度差の話です。

■ 図7 細胞内外のイオン組成

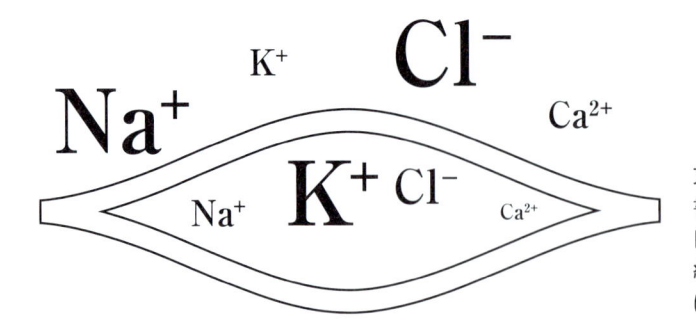

文字の大きさが濃度に比例するように書かれています。つまり、細胞外にはナトリウムイオンNa^+と塩素イオンCl^-、細胞内にはカリウムイオンK^+が豊富に存在します。

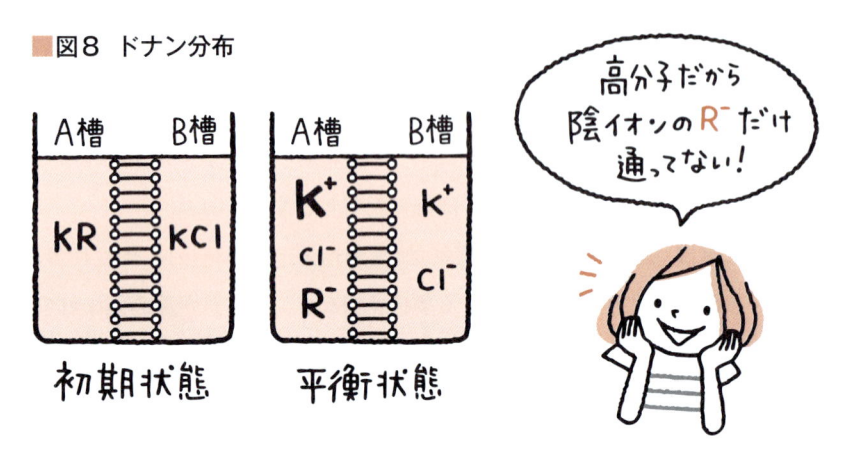

■ 図8 ドナン分布

「高分子だから陰イオンのR^-だけ通ってない!」

溶液の濃度は同じです。A槽とB槽を隔てているのは半透膜ですが、Rは絶対に通さないと仮定します。これが**図8左**の初期状態です。

十分に時間が経つと、図8右（平衡状態）のようにAB間にイオンの不平等な分布が生じます。RはA槽からB槽に移動できないので、A槽に残ったままです。このような特徴的な分布状態を**ドナン分布**（Donnan分布）、または**ドナン平衡**（Donnan平衡）と呼びます。

何が起きたかというと、塩素イオンがB槽からA槽に移動し、そのときに等量のカリウムイオンを「同伴」したのです。塩素イオンを動かした原動力は**濃度差**です。塩素イオンがカリウムイオンを「同伴」したのは、B槽内の電気的中性を保つためです。

A槽内のカリウム濃度と塩素濃度をそれぞれ$[K]_a$、$[Cl]_a$、B槽内のカリウム濃度と塩素濃度をそれぞれ$[K]_b$、$[Cl]_b$、A槽内のRの濃度を$[R]_a$とすると、ドナン平衡状態では、

$$\frac{[K]_a}{[K]_b} = \frac{[Cl]_b}{[Cl]_a} \quad \text{―――式①}$$

$$[K]_a = [R]_a + [Cl]_a \quad \text{―――式②}$$

$$[K]_b = [Cl]_b \quad \text{―――式③}$$

ドナンの膜平衡理論

図8に示したような実験をカリウム塩ではなくナトリウム塩を使用して行うと、ナトリウムイオンもドナン分布をすることが確かめられている。一般に、「Rは半透膜を絶対に透過できないが、Rとペアを組む陽イオンは透過できるという」実験条件さえ成立すれば、どんな陽イオンでもドナン分布する。これはドナンの膜平衡理論として知られている。

が成立します。

　仮に、初期状態での水溶液濃度が160ミリモル（mM）だったとすると、塩素イオンとカリウムイオンが53mM移動した時点で平衡状態が成立します。そのときの濃度に注目すると、A槽では、カリウムイオンが213mM、Rイオンが160mM、塩素イオンが53mM、B槽では、カリウムイオンと塩素イオンが107mMずつ、になっているはずです。

> **確認のためもう一度トライ！　演習問題 2**
>
> P.16図8を見て答えよ。ドナン平衡が成立したとき、A槽内のカリウム濃度（$[K]_a$）がB槽内のカリウム濃度（$[K]_b$）よりも高いことを証明せよ。
>
> 正解は P.78 をチェック！

カリウムイオンの分布

恒温動物
外気温に関係なく、ほぼ一定の体温を維持できる体温調節能力をもつ動物。哺乳類・鳥類が恒温動物である。

　表7は生物学の教科書に載っている恒温動物の神経細胞のデータです。細胞内外のカリウムイオン濃度に注目すると、ドナン分布をしていることがわかります。この例では、細胞内外の濃度の比（演習問題②のγ値に相当）は $\frac{5}{150} = \frac{1}{30}$。塩素イオンの分布もドナン型です（図8、演習問題②参照）。

　一方、ナトリウムイオンの分布はドナン分布とは完全に逆です。このことは、ドナンの膜平衡理論が試験管の中だけでしか成立しないという可能性と、ナトリウムに何か未知のメカニズムがはたらいているという可能性のどちらかを示唆します。答えは後で説明します。

■表7　恒温動物の神経細胞内外のイオン組成

イオン	細胞外液（mM）	細胞内液（mM）
Na^+	150	15
Cl^-	110	10
K^+	5	150

カリウムイオンの平衡電位※

※中学・高校までの学習範囲を超えた内容ですが、看護に重要な静止電位の話です。

　興奮性細胞は、細胞外よりも細胞内が電気的に陰性です。この陰性度を**静止電位**と呼びます。静止電位は細胞によってさまざまですが、骨格筋細胞や心筋細胞では－100mV前後の値を示します。静止電位はどのような

生物 2　看護に必要な物質の構成の話（生物編）

考え方に基づいて導き出されるのでしょうか。

まず、細胞内外に存在するイオンAについて考えます。イオンAには2つの性質があります。1つは溶質としての化学的な性質、他方は荷電粒子としての電気的な性質です。このために、イオンAには化学的な力と電気的な力が作用します。2つの力を併せて電気化学ポテンシャルと呼びます。細胞内のイオンAを駆動する電気化学ポテンシャルと細胞外のイオンAを駆動する電気化学ポテンシャルが等しくなると、細胞膜を出入りするイオンAの正味の動きがストップします。つまり平衡状態になるわけです。このときに発生している電位差を平衡電位と呼びます。

細胞内にあるイオンAの電気化学ポテンシャルは、

溶質1モルのもつ標準自由エネルギー $+ RT \times \ln[A]_i + zFE_i$

と表されます。ここで、R は気体定数(8.31、単位はJ/mol・K)、T は絶対温度(単位はK)、lnはネイピア数(e)を底とする自然対数、$[A]_i$ はイオンAの濃度(単位はmM、ミリモル)、z はイオン価数、F はファラデー定数(96500、単位はC/mol)、E_i は細胞内電位(単位はV)です。細胞外のイオンAについても同様の式が成り立ちます。ただし、$[A]_i$ と E_i は $[A]_o$ と E_o に置き換えなければなりません。溶質1モルのもつ標準自由エネルギーは細胞内外で同じなので、平衡状態では、

$RT \times \ln[A]_i + zFE_i = RT \times \ln[A]_o + zFE_o$

左辺第1項を右辺、右辺第2項を左辺に移動して式を整理すると、

$$E_i - E_o = \frac{RT}{zF} \times \ln\left(\frac{[A]_o}{[A]_i}\right) \quad \text{式⑤}$$

の関係が成り立ちます。ここで、$E_i - E_o$ は細胞外を基準にした細胞内の電位、すなわち平衡電位です。式⑤をネルンストの式(Nernst式)と呼びます。

イオンAがカリウムイオンの場合の平衡電位(E_K)を計算してみましょう。細胞内外のカリウムイオン濃度は表7の値を借用します。温度は37℃とします。式⑤に代入する数値は、

- z値は+1(∵カリウムイオンは1価の陽イオン)
- 細胞内カリウムイオン濃度は150mM
- 細胞外カリウムイオン濃度は5mM
- 絶対温度は310K(∵K = 273 + 37 = 310)
- RT/F = 0.0267(単位はV)
- ln = 2.3 × log(自然対数から常用対数への変換)

気体定数

一定量の理想気体では、ボイル・シャルルの法則($\frac{圧力 \times 体積}{絶対温度}$=定数)が成り立つ。1molの気体について、この定数を求めると標準状態(圧力=1.013×10⁵Pa、体積=2.24×10⁻²m³、絶対温度=273K)なので、計算すると8.31J/mol・Kとなり、これを気体定数(R)と呼ぶ。

絶対温度

理論的に分子の熱運動がなくなるとされる温度。

ネイピア数(e)

自然対数の底のこと。e = 2.71828……と続く数。

自然対数

ネイピア数を底とする対数のこと。対して常用対数は底が10の対数のこと。

ファラデー定数

陽電子(または陽子)1molの電荷を示す定数。

なので、

$$E_K = 0.061 \times \log\left(\frac{5}{150}\right) = -0.09\mathrm{V} = -90\mathrm{mV}$$

が得られます。実際に骨格筋細胞や心筋細胞の静止電位はE_Kに近いことがわかっています。

確認のためもう一度トライ！ 演習問題 3

細胞外ナトリウムイオン濃度が150mM、細胞内ナトリウムイオン濃度が15mMのときのナトリウムイオンの平衡電位（E_{Na}）を計算せよ。

正解は P.78 をチェック！

ナトリウムポンプ

ナトリウムイオンも1価の陽イオンなので、本来ならドナン分布するはずですが、実際にはまったく逆です。じつは、ナトリウムポンプがはたらいてナトリウムイオンを細胞外に汲み出してしまうからです。ナトリウムポンプは名前はポンプですが、その実体は加水分解酵素（名称はNa/K-ATPase）です。

この加水分解酵素は、細胞内にあるNa⁺がくっつくとアデノシン三リン酸（ATP）を分解し、その際に発生するエネルギーを駆動力にして細胞内のナトリウムイオンと細胞外のカリウムイオンを3対2の比率で交換します（図9）。このように、物質の濃度勾配に逆らってその物質を輸送することを能動輸送と呼びます。

> **ナトリウムポンプの膜内トポロジー**
>
> ナトリウムポンプはαβの2量体構造で、それぞれが円筒形の部分で膜貫通すると推定されている。図中のNとCはポリペプチドのN末端とC末端の意味。

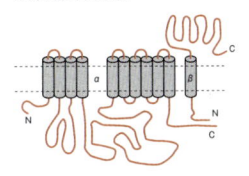

■図9 ナトリウムポンプのしくみ

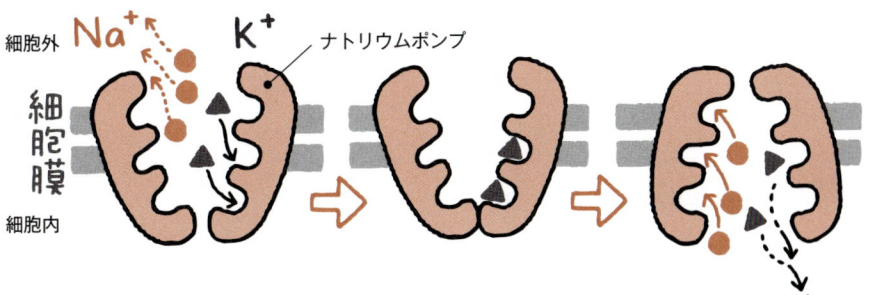

Na⁺3個を放出後にK⁺2個を収容 → Na⁺3個を収容後にK⁺2個を放出

生物2 看護に必要な物質の構成の話（生物編）

Note 2

ナトリウムポンプと脱水

ナトリウムポンプはβ受容体によって調節されています。方向性としては受容体刺激でポンプ活性上昇、受容体遮断でポンプ活性低下です。大量に汗をかいて脱水状態になった後などに暴飲暴食、とくに甘い物を大量に摂取すると血糖値の急上昇に続いて骨格筋麻痺が起こることがあります。麻痺の原因は低カリウム血症で、リスクファクターは甲状腺機能亢進。低カリウムへの対処法の1つがポンプ活性の抑制です。具体的にはβ受容体遮断薬を投与します。

興奮と興奮の伝導

生きている細胞が静止電位をもっていることはすでに復習しましたが、このような細胞の多くは刺激に反応して活動電位を発生します。別名は興奮（英語ではexcitation）。図10は骨格筋細胞活動電位の模式図で、膜電位が静止電位から+35mV付近まで一過性に変化することを示しています。活動電位のメカニズムを説明する前に、用語の説明をしておきます（図10）。

■図10 活動電位の模式図

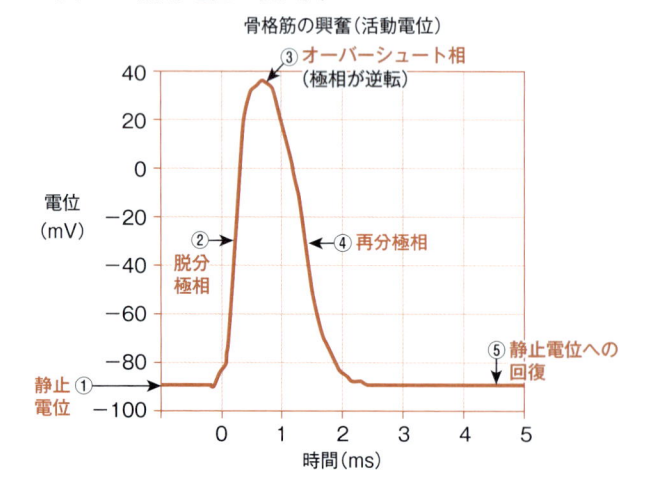

静止電位	細胞膜を介して生じている電位差（=電圧差）で単位はボルト(V)
電気的分極	電位差（=電圧差）が生じている状態
脱分極	分極状態から脱すること。具体的には静止電位からプラス方向への変化
再分極	再び分極すること
過分極	過剰に分極すること

活動電位の波形

図10のように活動電位波形を5つの相に分けると、第2相が脱分極相、第4相が再分極相です。

さて、生物の教科書・参考書に書かれている興奮についての記述内容

は、だいたい次の4点です。じつは、これらの記述には誤りが含まれているものがあります。

> ①静止時は、ナトリウムポンプのはたらきにより、膜外にNa⁺が、膜内にK⁺が多い→**静止時の膜内にK⁺が多いのはドナン分布のせい。膜外にNa⁺が多いのはナトリウムポンプのはたらきによるもの**
> ②刺激を受けると膜透過性が変化して（またはチャネルが開いて）、膜内にNa⁺が流入するため、膜電位が上昇する→**脱分極相は平衡電位がE_KからE_{Na}に変化するため。Na⁺の流入量は無視できるほど少量。膜電位がE_{Na}に到達しないのは、ナトリウムチャネルの開孔にやや遅れてカリウムチャネルの開孔が始まるから**
> ③Na⁺の流入よりもやや遅れてK⁺が流出するため、膜電位が下降する→**再分極相は平衡電位がE_{Na}からE_Kに戻るため。K⁺の流出量も無視できるほど少量**
> ④ナトリウムポンプがはたらいてイオンの分布が回復する→**正しい**

活動電位には2つの特徴があります。

> ①刺激を強くしていくと、ある強さで突然活動電位が発生する。この強さを刺激の**閾値（いきち）**と呼ぶ
> ②閾値以上の刺激を与えても、活動電位の大きさは変わらない。つまり、活動電位を発生する細胞は刺激に対してまったく反応しないか、最大の大きさで反応するかのどちらか、ということ。これを「**全か無かの法則**」と呼ぶ（英語では「オール・オア・ナッシング（all or nothing）」）

> 興奮を引き起こすのに必要最小限の強さが閾値ということね

興奮の伝導

興奮が1つの細胞内、とくに細長い神経突起に沿って次々に発生することを伝導、シナプスを越えて隣接する細胞に伝わることを伝達と呼ぶ約束です。伝達はシナプスの項で復習するとして、まず神経軸索での伝導のポイントを整理します。

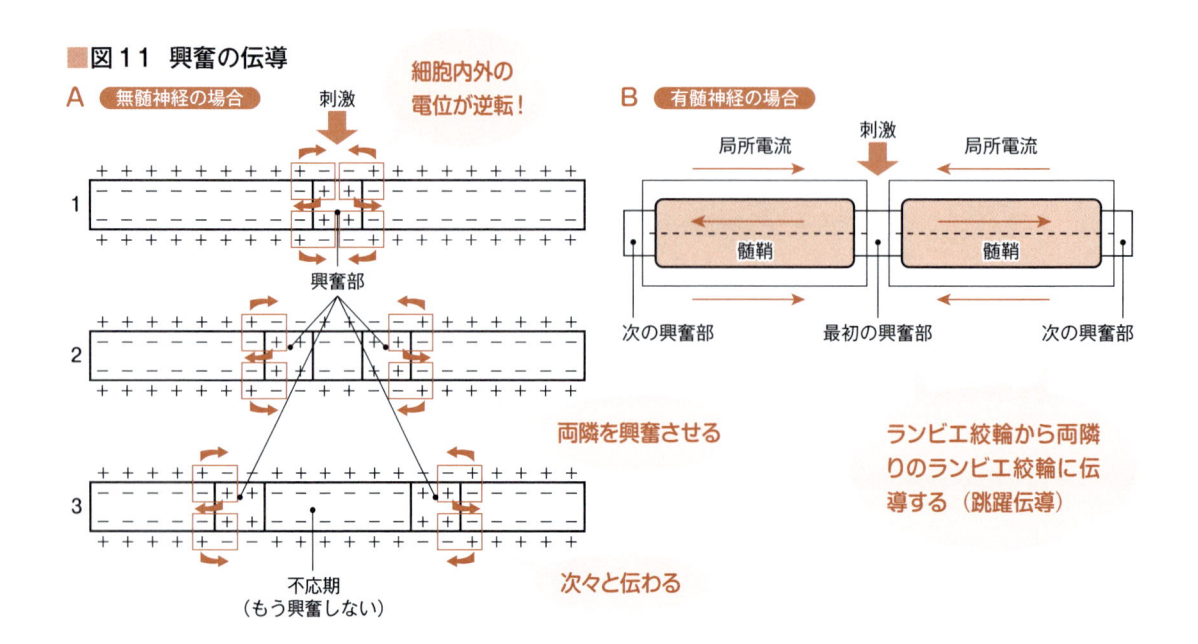

興奮の伝導のメカニズムは無髄神経と有髄神経で異なるため、まず無髄神経の場合を説明します（図11A）。伝導は図12のようなメカニズムで生じます。

興奮が伝導する方向は最初に興奮した部位の両側です。これを両方向性伝導と呼びます。太い軸索ほど速く伝導するのが原則です。

有髄神経は髄鞘をもっています（図13）。髄鞘は電気抵抗が非常に高く、絶縁体として機能するため、活動電流が細胞膜を横切る部位が髄鞘と髄鞘の切れ目（ランビエ絞輪）に限定されます。つまり、興奮はランビエ絞輪からランビエ絞輪へと伝わります（図11B）。普通は絞輪数個分以上の距離を「跳躍しながら」伝わるため、伝導速度が非常にアップします。このような伝導メカニズムを「跳躍伝導」、あるいは「跳び跳び伝導」と呼びます。太い軸索ほど速く伝導するのは無髄神経の場合と同様です。したがって、伝導速度が最も速いのが太い有髄神経線維、最も遅いのが細い無髄神経線維ということになります（表8）。図14は、無髄神経と有髄神経の神経伝導速度の測定例です。

ランビエ

ランビエ（1835～1922）はフランスの組織学者。

■図11 興奮の伝導

A 無髄神経の場合

細胞内外の電位が逆転！

両隣を興奮させる

次々と伝わる

不応期（もう興奮しない）

B 有髄神経の場合

ランビエ絞輪から両隣りのランビエ絞輪に伝導する（跳躍伝導）

■図12 無髄神経の伝導のメカニズム

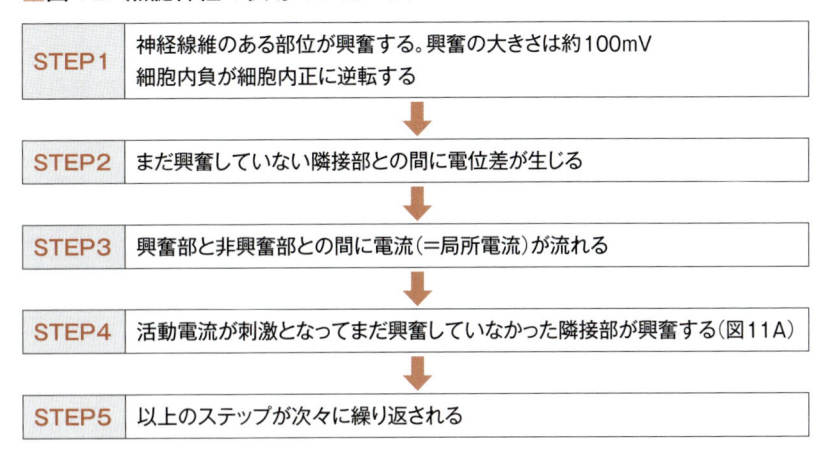

STEP1	神経線維のある部位が興奮する。興奮の大きさは約100mV 細胞内負が細胞内正に逆転する
STEP2	まだ興奮していない隣接部との間に電位差が生じる
STEP3	興奮部と非興奮部との間に電流(=局所電流)が流れる
STEP4	活動電流が刺激となってまだ興奮していなかった隣接部が興奮する(図11A)
STEP5	以上のステップが次々に繰り返される

■図13 有髄神経と髄鞘

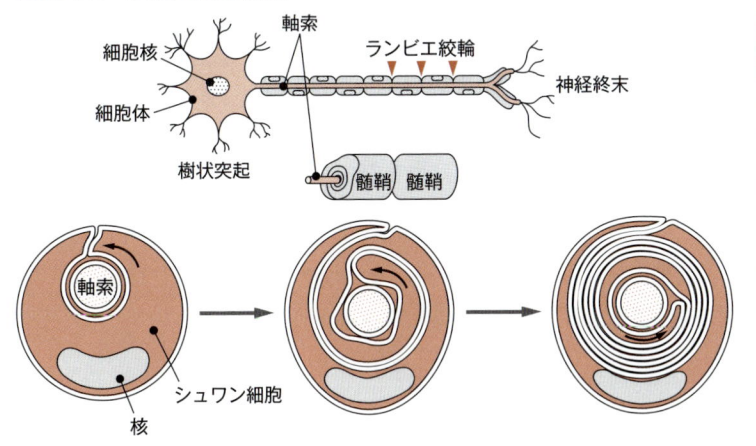

■表8 神経伝導速度

名称	種類	直径 (μm)	伝導速度 (m/s)
運動神経	有髄	15	100
知覚神経	有髄	8	50
自律神経	無髄	1	1

■図14 伝導速度の測定値

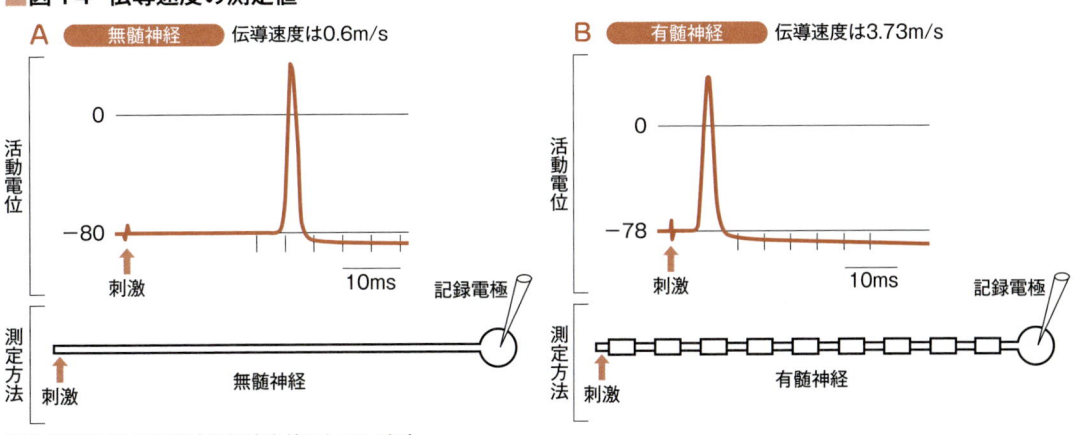

A 無髄神経 伝導速度は0.6m/s

B 有髄神経 伝導速度は3.73m/s

標本は両生類の交感神経細胞を使用しています。

T.Tokimasa. Calcium-dependent hyperpolarizations in bullfrog sympathetic neurons. *Neuroscience* 1984. 12;3:931. より引用

生物2 看護に必要な物質の構成の話(生物編)

シナプスと興奮の伝達

シナプスは、神経細胞と神経細胞、または神経細胞と筋肉などの効果器との接続部分をいいます。

シナプスでは、シナプスの前方に位置する細胞（シナプス前細胞）から伝達物質が分泌(放出)され、この細胞のもっていた情報がシナプスの後方に位置する細胞（シナプス後細胞）に伝達されます。この生命現象を**シナプス伝達**と呼びますが、**図15**を使ってもう少し詳しく説明しましょう。

図の上段には3つのニューロン（とりあえず細胞A、B、Cと呼びます）が形成する2つのシナプスが描かれています。シナプス1はA細胞とB細胞の間、シナプス2はB細胞とC細胞の間に形成されています。

図の下段はシナプス1の拡大図ですが、A細胞が伝達物質を分泌(放出)するほう、つまりシナプス前細胞です。伝達物質（▶）はA細胞の軸索末端に貯蔵されていますが、何らかの刺激によってA細胞が興奮し、その興奮が軸索末端まで伝わると、伝達物質が分泌(放出)され、B細胞に分布する受容体に結合します。受容体と結合した伝達物質は、B細胞に興奮性シナプス電位と呼ばれる電位変化を引き起こし、B細胞を興奮させます。これがA細胞の情報がB細胞に伝達される基本的なメカニズムです。

情報（信号）の流れはA細胞からB細胞への一方通行です。この性質を**一方向性伝達**と呼びます。**表9**に示すように、ヒトは10種類以上の伝達物質と受容体を利用しています。

> **ニューロン**
>
> 神経細胞は、細胞体とその突起からなり、併せてニューロンと呼ぶ。ニューロンからは1本の軸索と多数の樹状突起が出ており、軸索はその先端をほかの神経細胞の細胞体や樹状突起の近くまで伸ばし、シナプスをつくる。

■図15 シナプスの模式図

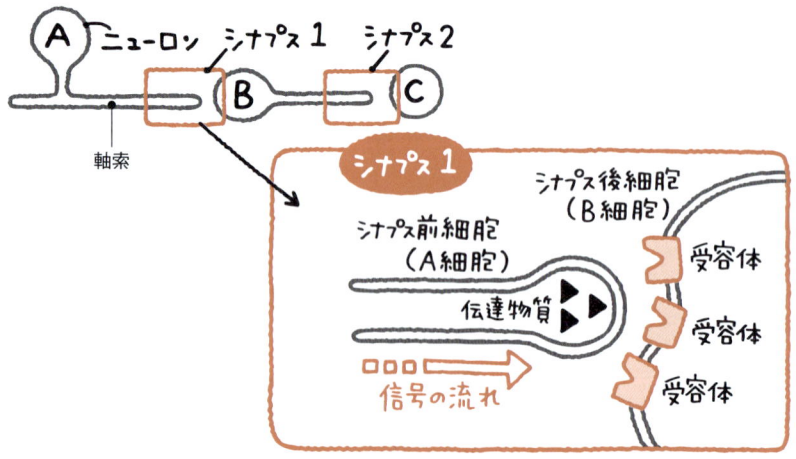

B細胞はシナプス1ではシナプス後細胞ですが、シナプス2ではシナプス前細胞として伝達物質を分泌(放出)します。

つまり、神経線維での興奮伝導は両方向、シナプスでの興奮の伝達は一方向ってことね

■表9 伝達物質と受容体

伝達物質	受容体 イオンチャネル型	Gタンパク共役型（代謝型）
グルタミン酸	NMDA/non-NMDA	mGluR（サブタイプ多数あり）
γアミノ酪酸(GABA)	A型	B型/C型
アセチルコリン	ニコチン性	ムスカリン性
アドレナリン※	なし（未発見）	α/β
ドパミン※	なし（未発見）	D1/D2/D3/D4/D5など
セロトニン(5HT)	5HT3	5HT1/5HT2/5HT4など
ヒスタミン	なし（未発見）	H1/H2/H3
P-物質	なし（未発見）	NK1/NK2/NK2
アンジオテンシンⅡ	なし（未発見）	AT1/AT2
オピオイド	なし（未発見）	μ/δ/κ
アデノシン	なし（未発見）	A1/A2
ATP	P2X	P2Y

※ドパミン、ノルアドレナリン、アドレナリンは生体内に存在する主要なカテコラミンで、中枢神経系、交感神経系、副腎髄質に分布します。ニューロンや副腎髄質細胞は、チロシンを取り込んでカテコラミン生成の基質（原料）にしますが、原料となるチロシンは食物からとる以外に、おもに肝臓でフェニルアラニンを原料として合成されます。

アクチンとミオシン

　筋肉細胞は興奮すると収縮して張力を発生しなければならないので、細胞質中にアクトミオシンと呼ばれる収縮装置を備えています。アクトミオシンはアクチン（細いフィラメント）とミオシン（太いフィラメント）の2種類のタンパク質から構成され、骨格筋と心筋では横紋構造を形成します。

　図16はイヌの心筋細胞の電子顕微鏡写真とその模式図です。

　筋は、Z線からZ線までの筋節（サルコメア）を単位として収縮します。単収縮とは、「単発の活動電位により誘発される収縮」の意味ですが、骨格筋の場合には単収縮の持続時間は約100ms、つまり活動電位の持続時間の約50倍です。

■図16 イヌの心筋細胞の電子顕微鏡写真とその模式図

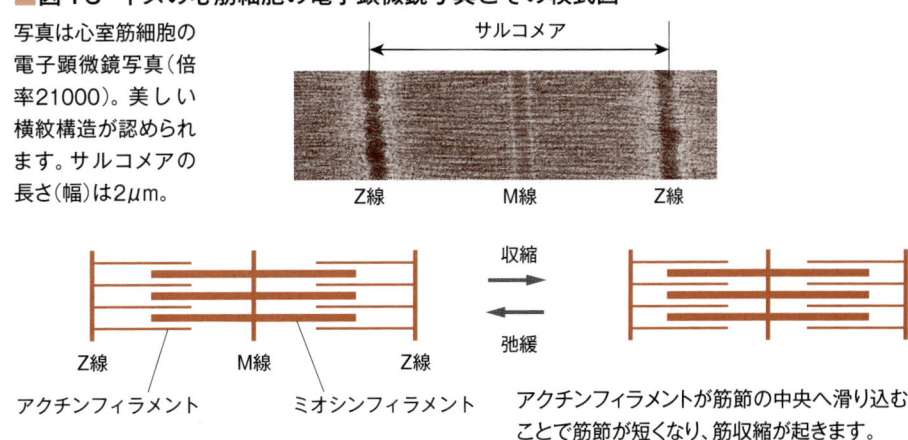

写真は心室筋細胞の電子顕微鏡写真（倍率21000）。美しい横紋構造が認められます。サルコメアの長さ（幅）は2μm。

Z線　M線　Z線

アクチンフィラメント　ミオシンフィラメント

アクチンフィラメントが筋節の中央へ滑り込むことで筋節が短くなり、筋収縮が起きます。

生物2　看護に必要な物質の構成の話（生物編）

看護に必要な 生物 第3章

看護に必要な遺伝の話

私たちの人体のしくみに大きくかかわるものに、遺伝があります。これからの医療分野では、重要となるキーワードです。

細胞の分裂

ヒトの細胞は、分裂によって増殖します。生物1の教科書や参考書には、

> ①ヒトの細胞は**真核**細胞（反対語は原核細胞）
> ②真核細胞の分裂様式は**有糸**分裂（反対語は無糸分裂）
> ③有糸分裂は**体細胞**分裂と**減数**分裂に大別

と記載されていたはずです。以上のうち、第3点の減数分裂が本章のメインテーマである遺伝と密接に関係するわけですが、まず細胞分裂全般についてごく簡単に復習します。

体細胞分裂とは、**生体を構成している細胞（略して体細胞）が行う分裂**という意味です。1つの母細胞（分裂する前の細胞）から、遺伝的にまったく同じ2つの娘細胞（分裂した後の細胞）が生まれます。遺伝的にまったく同じなので、染色体数やDNA量はもちろん、遺伝情報も変化なし。一方、減数分裂とは、**生殖細胞（具体的には卵子と精子）がつくられるときに行われる細胞分裂**です。娘細胞の染色体数が母細胞の半分に減少します（**図1左**）。

図1右は、1対の相同染色体だけに注目した減数分裂の模式図です。母細胞は減数分裂の最初の段階でDNAを複製します。この結果、染色体数は2本から4本に倍増します。これら4本が、4個の娘細胞に1本ずつ分配されるわけです。したがって、全体（$2n=46$本）では、いったん$4n=96$本になり、それらが4分割されて$n=23$本になるということです。

有糸分裂

細胞が分裂するときに紡錘糸が出現することに由来して命名された。

相同染色体

細胞核には、大きさと形が同じ染色体が2本ずつ対になって入っている。この1対の染色体を相同染色体と呼ぶ。相同染色体の一方は父親から、他方は母親から受け継いだものである。

■ 図1　減数分裂

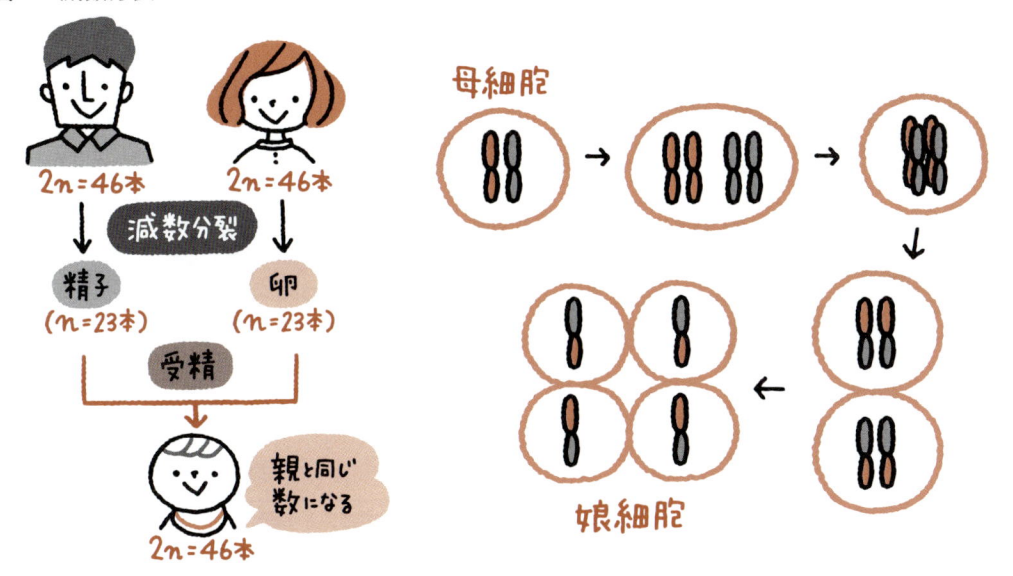

染色体と減数分裂

染色体
染色体は、膨大な量のDNAを小分けして格納するカプセルのようなもの。

　ヒトの体細胞は**46本の染色体**をもっています（P.28図2）。46本の内訳は、**22対（44本）の常染色体**と**2本の性染色体**。性染色体の内訳は男女で異なり、女性が**2本のX染色体**なのに対して、男性は**X染色体とY染色体が1本ずつ**という特徴があります。

　生殖細胞（卵子と精子）では、常染色体も性染色体もその数が体細胞の半分に減少しますが、すべての卵子がX染色体をもつのに対して、精子の場合は、半数がX染色体、残りの半数がY染色体をもつことになります。

　なお、XYのヒトが男性になるのはY染色体にある *SRY*（sex-determining region Y）**遺伝子**（性決定遺伝子）のはたらきによります。

生物 3　看護に必要な遺伝の話

確認のためもう一度トライ！　演習問題 4

問題1　ヒトの精子細胞における染色体の数はどれか。
1. 22本
2. 23本
3. 44本
4. 46本

（第102回午後問題27）

問題2　ヒトの染色体と性分化で正しいのはどれか。
1. 常染色体は20対である。
2. 女性の性染色体はXYで構成される。
3. 性別は受精卵が着床する過程で決定される。
4. 精子は減数分裂で半減した染色体を有する。

（第100回午後問題73）

正解は P.79 をチェック！

■図2 ヒト染色体

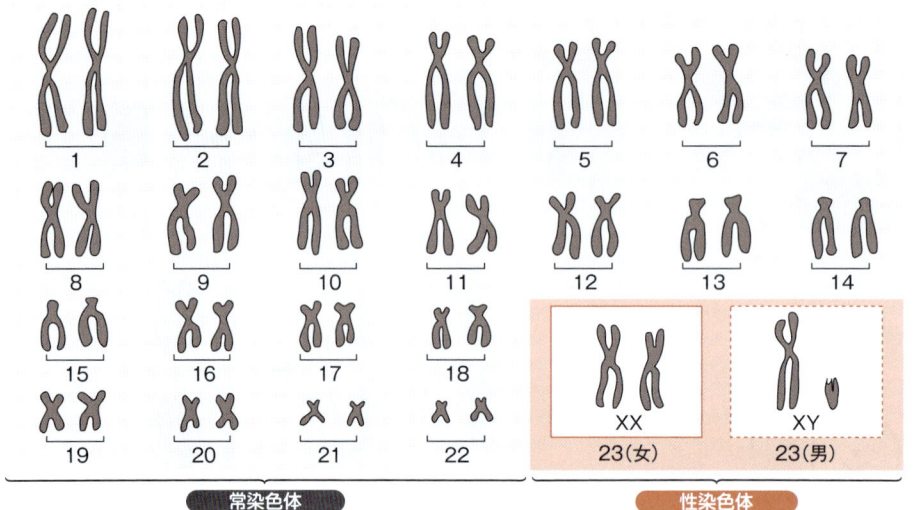

常染色体：性染色体以外の染色体で男女共通
性染色体：性によって形が異なる染色体

血液型

ヒトのABO式血液型を決定する遺伝子は、第9染色体上にあります。対立遺伝子の数は3つで、ヒトは3つのうちのどれか2つをもっています。遺伝子はA型遺伝子（Aと省略、以下同様）、B型遺伝子（B）、O型遺伝子（O）と呼ばれます。遺伝子が支配する形質は赤血球表面への糖タンパクの発現です。AとBはそれぞれOに対して優性で、AとBとの間には優劣がないため、A型にはAAとAO、B型にはBBとBOの亜型が生じることになります。O型にはOOのみ、AB型も同様でABのみ。このようなメカニズムによってA型、B型、O型、AB型の4つの発現型が生まれます（表1）。

> **対立形質と対立遺伝子**
>
> 個体の特徴的な性質（例、髪の毛の色）を形質と定義した場合、遺伝形質のなかで互いに相容れない形質（例、金髪と黒髪）を対立形質と呼ぶ約束である。対立形質に対応する遺伝子が対立遺伝子で、相同染色体の同じ位置（遺伝子座）にある。片方が優性、他方が劣性となる場合が多いことがポイント。対立形質が2つだけとは限らない。ABO式血液型のように3つ以上の場合もある。

■表1 ABO式血液型の遺伝

表現型	A型		B型		AB型	O型
遺伝子型	AA	AO	BB	BO	AB	OO
配偶者	A	A/O	B	B/O	A/B	O

A型とB型にはそれぞれ2種類の遺伝子型があります。

複数の対立遺伝子による遺伝の例

赤緑色覚異常

X染色体上にある遺伝子が、遺伝により受け継がれることが**伴性遺伝**です。代表例は**赤緑色覚異常**。網膜にある視細胞（正確には錐体細胞）の機能不全により、赤と緑が識別できない病気です。赤緑色覚異常は正常色覚に対して劣性であるため、劣性の伴性遺伝といわれます。

■図3　ヒトの色覚異常の遺伝

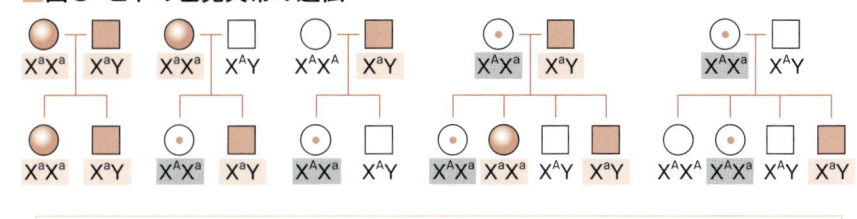

○ 正常女子　　● 色覚異常女子　　⊙ 潜在色覚異常女子　　□ 正常男子　　■ 色覚異常男子

正常色覚を発現する遺伝子がA、色覚異常を発現する遺伝子がaです。

染色体異常

染色体の数や構造が何らかの変化で変異したことによって起こる突然変異のことを、**染色体突然変異**といいます。ヒトの染色体異常には、**常染色体異常**と**性染色体異常**があります。それぞれの代表的なものを**表2**にまとめました。

■表2　ヒトのおもな染色体異常

	病名	染色体の異常	症状
常染色体異常	ダウン症候群	21番目が3本	特徴的顔貌、知的障害、筋緊張低下、心奇形、白血病の合併
	18トリソミー症候群	18番目が3本	手指の屈曲拘縮、特徴的顔貌、心臓・消化器に奇形、知的障害
	13トリソミー症候群	13番目が3本	口唇裂、口蓋裂、多指症、心奇形、知的障害
	猫泣き症候群	5番目が欠失	猫様の泣き声、特徴的顔貌、知的障害
性染色体異常	ターナー症候群	X染色体欠如（XO）	低身長、無月経、二次性徴の欠如、翼状頸、外反肘
	クラインフェルター症候群	XXY	無精子症、女性化乳房、長身、軽度知的障害

生物3　看護に必要な遺伝の話

演習問題 5

確認のためもう一度トライ！

問題1 先天異常と症状の組合せで正しいのはどれか。

1. 18トリソミー ———————— 巨舌
2. クラインフェルター症候群 — 多毛
3. ターナー症候群 ———————— 高身長
4. マルファン症候群 ——————— 低身長
5. ダウン症候群 ————————— 筋緊張低下

（第99回午前問題79）

問題2 Down〈ダウン〉症候群を生じるのはどれか。

1. 13トリソミー
2. 18トリソミー
3. 21トリソミー
4. 性染色体異常

（第102回午前問題6必修）

正解はP.79をチェック！

遺伝子突然変異

　遺伝子の本体であるDNAの構造が変化したことで起こる変異を、**遺伝子突然変異**といいます。代表的なものに、**鎌状赤血球貧血症**があります。これは、赤血球が鎌のような形になり、血管が詰まりやすくなったり、溶血が起こりやすいために酸素の運搬能力が低下して、先天性の悪性貧血となる病気です。赤血球をつくるヘモグロビンは、2本のグロビンというタンパク質が立体的に集合してできていますが、鎌状赤血球貧血症では、そのうちの1本のアミノ酸が1個だけグルタミン酸に置き換わっているのです。

遺伝子組み換え

　この項では遺伝子組み換えについて復習します。高度な内容のように聞こえますが、あくまで生物1の範囲内です。安心してください。

　遺伝子組み換えのきっかけになる現象は、**生殖細胞が減数分裂をするときに起こる相同染色体の交叉**です（交叉は「交差」でも可とされていますが、本書では「交叉」に統一しました）。ちなみに、英語表記はクロスオーバー（crossover）。相同染色体が交叉すると、染色体の一部、つまり、遺伝子の一部が入れ換わることがあります（**図4**）。これが遺伝子組み換えと呼ばれる現象です。遺伝情報が変化してしまうので、**新しい遺伝子の組み合わせをもつ個体が生まれる**わけです。ただし、交叉した相同染色体がほどけてしまい、遺伝子組み換えが起こらない場合もあります。

　同じ染色体の別々の場所に3個の遺伝子（便宜上、遺伝子A、遺伝子B、遺伝子Cとします）が存在する場合を想像してください。この染色体と対

をなす相同染色体には遺伝子a、遺伝子b、遺伝子cが存在します。遺伝子Cが遺伝子Aや遺伝子Bから非常に遠い場所にある場合の遺伝子組み換えを考えると、染色体交叉が遺伝子Bと遺伝子Cの間のどこかで起こる確率が高いので、遺伝子Cが遺伝子cと組み換わる可能性が高いことになります。遺伝子Aと遺伝子Bのように遺伝子間の距離が短く、組み換えが起こりにくい状態を強い連鎖、あるいは完全な連鎖と表現します。

■図4 遺伝子組み換え

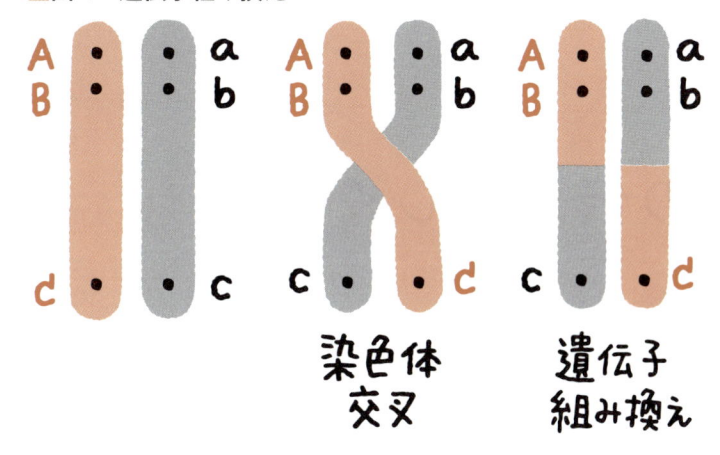

染色体交叉　　遺伝子組み換え

Note 3

遺伝の用語

遺伝子型と表現型

個体がもつ遺伝子の組み合わせを遺伝子型(ジェノタイプ)、見かけ上の形質を表現型(フェノタイプ)と呼ぶ約束です。形質をアルファベットで表記するとき、優性形質を大文字、劣性形質を小文字にします。
(例) AA、Aa、aa

ホモ接合とヘテロ接合

対立遺伝子の片方は父系、もう片方は母系ですが、その組み合わせがAA、aaなどのように優性どうし、あるいは劣性どうしの場合をホモ接合、そうでない場合(例、Aa)をヘテロ接合と定義します。

生物3　看護に必要な遺伝の話

看護に必要な
生物　第4章

看護に必要な刺激と反応の話

第2章では、シナプスの概念とおもな伝達物質を復習しました。
今度は、運動神経と骨格筋の間のシナプス伝達です。

刺激の伝達のしくみ

神経筋伝達

　運動神経と骨格筋の間のシナプスには、神経筋接合部（NMJ：neuromuscular junction）という特別な名称が与えられています。

　分泌される伝達物質はアセチルコリン、受容体はニコチン性受容体（名前は受容体ですが、その実体はイオンチャネル）です。アセチルコリンは神経終末にあるシナプス小胞という袋の中に貯蔵されています。

　シナプス伝達は図1のステップで行われます。役目を終えたアセチルコリンは、分解酵素コリンエステラーゼによって分解されます。

> シナプス
> P.24参照。

■図1　シナプス伝達の流れ

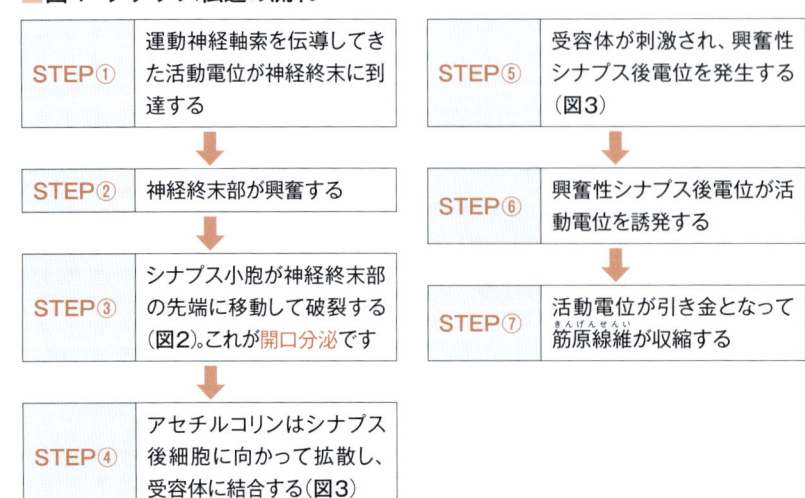

STEP①	運動神経軸索を伝導してきた活動電位が神経終末に到達する
STEP②	神経終末部が興奮する
STEP③	シナプス小胞が神経終末部の先端に移動して破裂する（図2）。これが開口分泌です
STEP④	アセチルコリンはシナプス後細胞に向かって拡散し、受容体に結合する（図3）
STEP⑤	受容体が刺激され、興奮性シナプス後電位を発生する（図3）
STEP⑥	興奮性シナプス後電位が活動電位を誘発する
STEP⑦	活動電位が引き金となって筋原線維が収縮する

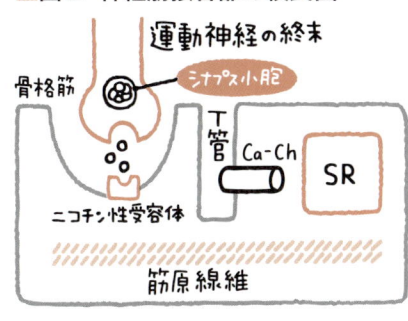

■ 図2 神経筋接合部の模式図　　■ 図3 イオンチャネル型受容体

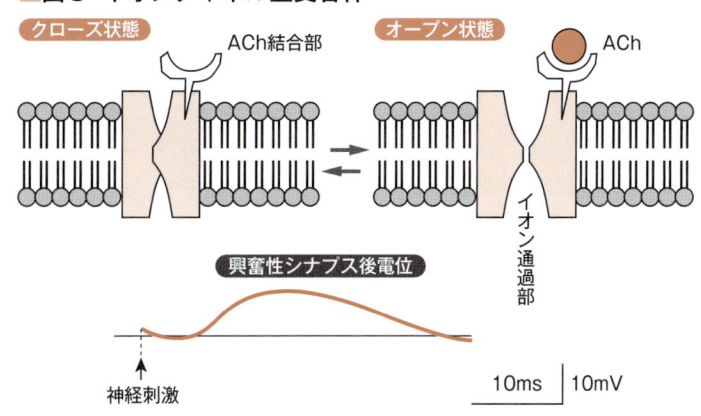

アクチンとミオシンの相互作用

終板

運動神経が筋肉に到達する部位の筋線維側の特殊な構造体。中枢からの興奮が終板に入ると筋肉の収縮が起きる。

神経筋伝達の最終段階は骨格筋の収縮（図1）ですが、このプロセスを再確認します。終板周囲に発生した活動電位は骨格筋細胞膜全体にさざ波のように伝わり、その途中でT管と呼ばれる深くて細いくぼみにも進入します。それ以降のプロセスは2つの過程に分かれます。

| 第1過程 | CICR（calcium-induced calcium-release：カルシウム誘発性カルシウム放出） |
| 第2過程 | アクチンとミオシンの相互作用（滑走説） |

例題2

骨格筋収縮のメカニズムで正しいのはどれか。

1. カルシウムイオンが必要である。
2. 筋収縮の直接のエネルギー源はADPである。
3. 筋収縮時にミオシンフィラメントの長さは短縮する。
4. 筋収縮の結果グリコゲンが蓄積される。

（第93回午後問題9）

解いてみよう!!

解答・解説

[解答] 1

[解説] 骨格筋収縮に関する基礎的な問題です。出題者が求めている基礎知識は7つ。

①収縮の前段階は、筋原線維を含む収縮装置周囲のカルシウム濃度が上昇すること。そのカルシウムは細胞内貯蔵部位「筋小胞体（SR：sarcoplasmic reticulum）」から放出されること。その放出は細胞膜でのカルシウム流入により誘発されること。
②収縮の第1段階は収縮装置の1つであるトロポニンにカルシウムが結合すること。
③以上のプロセスにはカルシウムが必要不可欠なこと。
④筋収縮の直接のエネルギー源はATPであること。
⑤筋収縮時に短縮するのはアクチンフィラメントであること。
⑥ミオシンフィラメントは短縮しないこと。
⑦グリコゲンはATP産生のため分解される（＝蓄積はしない）こと。
　以上により正解は1。

生物4　看護に必要な刺激と反応の話

第1過程のCICRとは、T管膜のカルシウムチャネル（図4中ではCa-chと表示）が活性化され、カルシウムイオンが細胞内に流入すると、筋小胞体（図中ではSRと表示）に貯蔵されているカルシウムイオンが大量に放出されるメカニズムを意味します。

第2過程は具体的に筋が収縮を起こす過程です。ミオシンフィラメントはミオシンという1種類のタンパク質からなっていますが、アクチンフィラメントは主成分であるアクチンのほかに2つタンパク質（トロポニンとトロポミオシン）を含みます。筋が弛緩した状態ではカルシウムイオンがないため、トロポミオシンがアクチンとミオシンの相互作用を抑制しています。

その後のプロセスは**図5**のステップで進みます。

■図5　興奮伝達の流れ

STEP①	CICRが発生し、カルシウムイオンがトロポニンに結合する
STEP②	トロポニンがトロポミオシンを移動させる
STEP③	トロポミオシンの抑制作用が解除される
STEP④	アクチンフィラメントがミオシンフィラメントの間に滑り込める状態になる
STEP⑤	ミオシン頭部のATP結合部位にATPが結合する
STEP⑥	ミオシン頭部が蝶番を中心として首振り運動をする（図6）
STEP⑦	アクチンフィラメントがミオシンフィラメント側に滑り込む（図6）
STEP⑧	その直後にATPはミオシン頭部のATPaseによってADPとリン酸に分解される
STEP⑨	ミオシン頭部は首を振った状態から元の状態に戻る（図6）

■図4　CICR

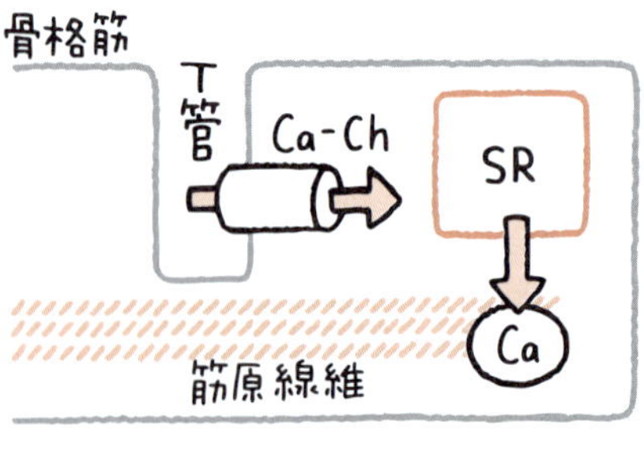

■図6　ミオシン頭部の首振り運動

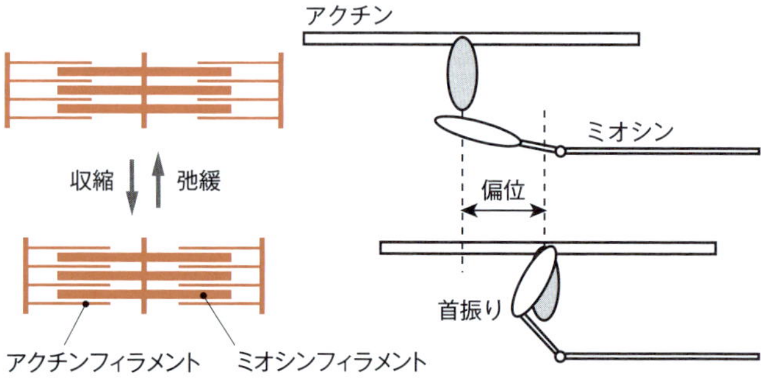

中枢神経系─脳と脊髄─

　神経系は、**中枢神経系**(脳、脊髄)と**末梢神経系**(体性神経系、自律神経系)に大別され、さらに**表1**のように分けられます。**図7**は脳と脊髄の区分、**図8**(P.36)は脳割断面、**表2**(P.36)には脳のおもなはたらきについてまとめたので、おさえておきましょう。

■表1　神経系の分類

中枢神経系	脳(終脳・間脳・中脳・橋・延髄・小脳)	
	脊髄	
末梢神経系	体性神経系	脳神経(12対)※表3(P.38)参照
		脊髄神経(31対)
	自律神経系	交感神経系
		副交感神経系
		腸管神経系(腸管神経叢)

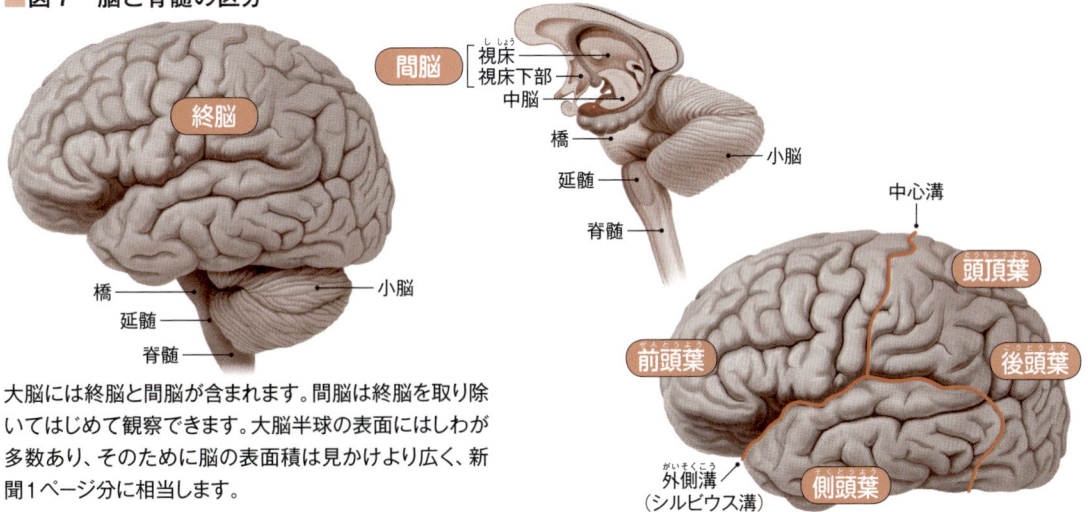

■図7　脳と脊髄の区分

大脳には終脳と間脳が含まれます。間脳は終脳を取り除いてはじめて観察できます。大脳半球の表面にはしわが多数あり、そのために脳の表面積は見かけより広く、新聞1ページ分に相当します。

間脳［視床／視床下部］／中脳／橋／延髄／脊髄／小脳

中心溝／頭頂葉／前頭葉／後頭葉／外側溝(シルビウス溝)／側頭葉

> 間脳、中脳、延髄をまとめて脳幹と呼びます

生物4　看護に必要な刺激と反応の話

■ 図8 脳割断面の模式図

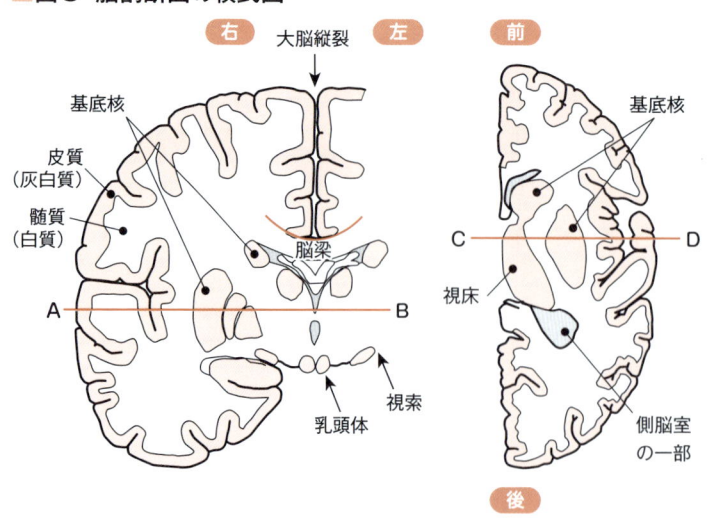

CDラインでの切片を前から観察
（おもに右半球のみを示している）

ABラインでの切片を下から観察
（左脳のみ示している）

脳は皮質（灰白質）と髄質（白質）に分かれます。脳には約150億個のニューロンがありますが、それらの細胞体は灰白質にあり、その軸索が白質内を走行します。脳の中心部にも灰白質があり、中心灰白質と呼ばれます。基底核のことです。

■ 表2 脳のおもなはたらき

名称	部位		おもなはたらき
大脳	終脳	前頭葉	運動機能・運動言語・精神機能の中枢
		側頭葉	記憶・聴覚・嗅覚・感覚言語の中枢
		頭頂葉	ありとあらゆる感覚の中枢
		後頭葉	視覚中枢
	間脳	視床	運動系・感覚系の中継。大脳を覚醒させておく役目もある
		視床下部	自律神経系・内分泌系・体温調節・食欲などの中枢
	中脳		眼球運動や瞳孔反射の中枢。姿勢保持の中枢
橋			大脳・脊髄・小脳の連絡路
小脳			随意運動の調節
延髄			呼吸・心臓機能・嚥下の中枢

確認のためもう一度トライ！　演習問題 6

問題1　体温の恒常性を保つ中枢はどれか。

1. 大　脳
2. 視床下部
3. 橋
4. 延　髄

（第101回午前問題26）

問題2　言語中枢があるのはどれか。

1. 大　脳
2. 小　脳
3. 橋
4. 延　髄

（第97回午前問題14必修）

正解はP.79をチェック！

脊髄と伝導路

脊髄は脊椎の中に納められています（図9）。横断面を見ると、外側が白質、中心部が灰白質。つまり、大脳とは逆になっているので注意してください。

運動神経細胞は腹側の灰白質にあり、そこから末梢に出る軸索が前根を形成します。感覚神経の軸索は後根を形成しながら背側の灰白質に進入します。これがベル・マジャンディーの法則です。

後根付近には、末梢感覚神経の細胞体が集合して後根神経節を形成します。脊髄白質には、脳と末梢を連絡するありとあらゆる伝導路が走行しています。代表的な伝導路（運動系伝導路、温・痛覚伝導路）を図10に示します。

> **ベル・マジャンディーの法則**
> 前根が運動性、後根が感覚性であること。

■図9 脊柱と脊髄の模式図

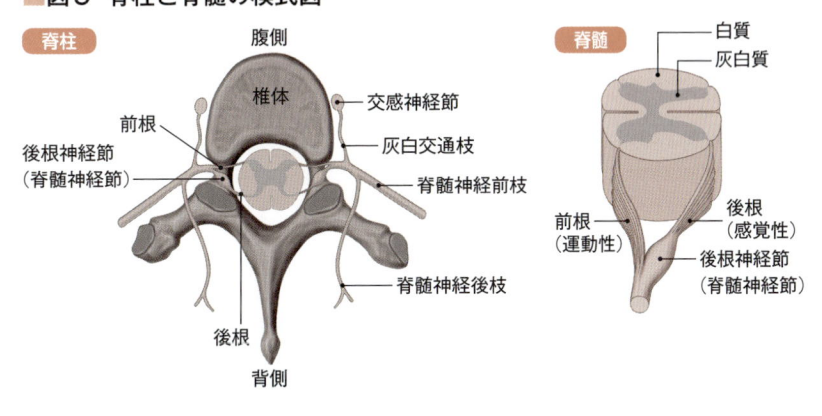

■図10 神経伝導路の模式図

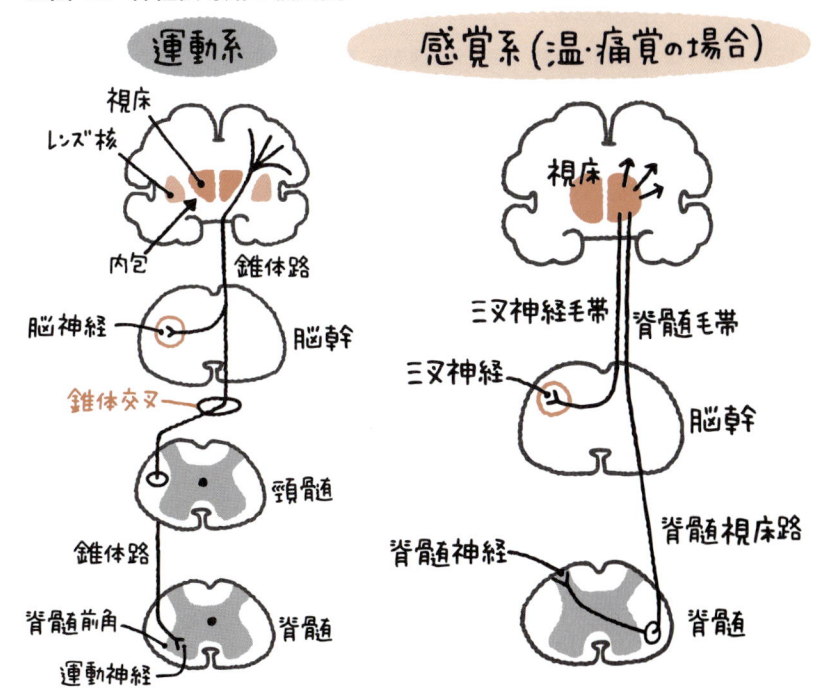

生物4　看護に必要な刺激と反応の話

末梢神経系

末梢神経系(脳神経と脊髄神経)は、脳や脊髄といった中枢と体の各部と連絡する神経系です。機能という視点からは**体性神経系**(運動系[運動神経]と知覚系[感覚神経])と**自律神経系**に分かれます。

脳神経を例にとると、嗅神経と視神経は純粋な体性神経(知覚神経)、滑車神経と外転神経は純粋な体性神経(運動神経)、三叉神経は純粋な体性神経系(知覚・運動神経)、迷走神経は体性神経(知覚・運動神経)と自律神経としてはたらきます。動眼神経も体性神経だけでなく、自律神経としてもはたらきます。脳神経のおもなはたらきについては、**表3**を参照してください。

脊髄神経は**31対**ありますが、これらのうち胸神経と腰神経が交感神経、仙髄神経(および一部の脳神経)が副交感神経を含みます。

■表3 脳神経のおもなはたらき

	名称	おもなはたらき
I	嗅神経	嗅覚
II	視神経	視覚
III	動眼神経	眼球運動、瞳孔の自律性調節(対光反射など)
IV	滑車神経	眼球運動
V	三叉神経	顔面の知覚、咀嚼運動
VI	外転神経	眼球運動
VII	顔面神経	表情筋運動、涙腺・唾液腺支配、聴力調節、味覚
VIII	内耳神経	聴覚と平衡覚
IX	舌咽神経	咽頭筋運動、咽頭の知覚、味覚、唾液腺支配
X	迷走神経	咽頭筋運動、内臓の平滑筋運動、内臓知覚
XI	副神経	僧帽筋と胸鎖乳突筋の運動
XII	舌下神経	舌筋運動

脳から出る順番に従ってI~XIIのローマ数字が振られています。

深部感覚と伸張反射

骨格筋には、急に引っ張られると反射的に収縮する性質があります。これが**伸張反射**で、伸張反射の一種である「**膝蓋腱反射**」を例にして説明します(**図11**)。

この反射はハンマーで膝蓋(俗にいうお皿)の下を叩くと大腿四頭筋が

体性神経・自律神経

体性神経は皮膚や筋などを支配し、身体各部-中枢の情報伝達を行い、感覚神経・運動神経に分かれる。自律神経は内臓や血管を支配し、交感神経・副交感神経に分かれ、無意識下で情報の伝達を行い内臓機能を調節する(自律性がある)点が体性神経とは異なる(P.74~参照)。

感覚神経・運動神経

感覚神経は身体各部から中枢へ知覚した情報を伝達し(求心性)、運動神経は中枢から身体各部へ情報(運動司令)を伝達する(遠心性)。

交感神経・副交感神経

自律神経は交感神経と副交感神経に分かれ、大部分の臓器がこの両方に支配されている(P.73Note⑤参照)。これを二重支配という。交感神経と副交感神経は、通常、逆の効果を発揮するため、拮抗支配ともいう。交感神経は、身体活動がさかんになったときに活発にはたらき、副交感神経は、身体がリラックスしたときに活発にはたらく。

脊髄神経

脊髄神経は、頸神経(8対、C1~C8)、胸神経(12対、T1~T12)、腰神経(5対、L1~L5)、仙骨神経(5対、S1~S5)、尾骨神経(1対、Co)に区分される。

収縮して下腿が挙上するという現象で、STEP①から⑦までの順序で生じます（図12）。ハンマーで叩かれるのは大腿四頭筋の腱、伸展を受容して興奮する受容器は筋紡錘です。知覚神経と運動神経は直接シナプス伝達します。伝達物質はグルタミン酸です。代表的な伸張反射とその反射中枢を表4にまとめました。

■図11 膝蓋腱反射

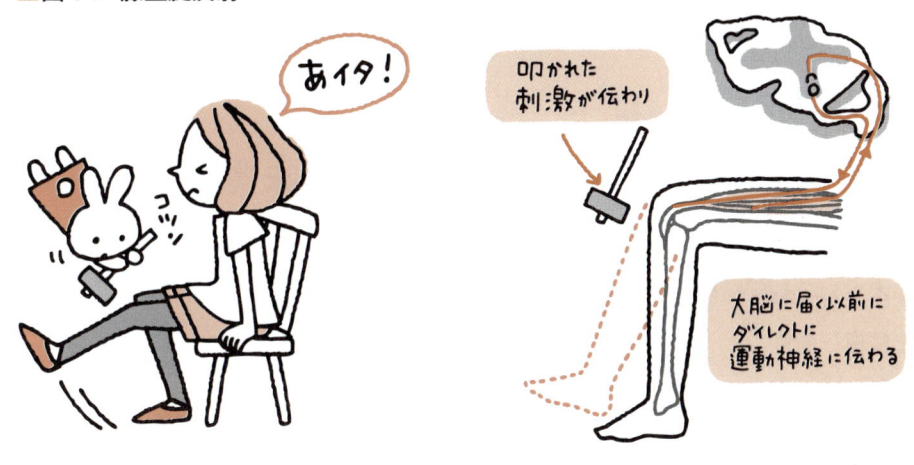

■図12 膝蓋腱反射のプロセス

STEP①	ハンマーで叩かれた結果、大腿四頭筋の腱が伸ばされる
STEP②	大腿四頭筋が伸ばされ、それに伴って筋紡錘も伸ばされる
STEP③	筋紡錘が興奮し、それが刺激になり知覚神経が興奮する
STEP④	知覚神経が脊髄に興奮情報を送る（＝求心情報）
STEP⑤	脊髄内でその情報を受けた運動ニューロンが興奮する（＝シナプス伝達）
STEP⑥	運動ニューロンが大腿四頭筋に対して収縮命令を出す（＝遠心情報）
STEP⑦	大腿四頭筋が収縮し、下腿が挙上する（＝シナプス伝達）

■表4 代表的な伸張反射とその反射中枢

名称	反射中枢
橈骨反射	C5〜C6
膝蓋腱反射	L2〜L4
アキレス腱反射	L5〜S2

生物4 看護に必要な刺激と反応の話

確認のためもう一度トライ！ 演習問題 7

誤っているのはどれか。

1. 伸張反射は大脳の関与なしに起こる。
2. 膝蓋腱反射は大腿四頭筋の腱反射である。
3. 二頭筋腱反射は大腿二頭筋の腱反射である。
4. アキレス腱反射は下腿三頭筋の腱反射である。

（第80回午前問題17を改変）

正解は P.79 をチェック！

特殊感覚
―視覚、聴覚・平衡覚、嗅覚、味覚―

特殊感覚は非常にわかりにくい分野なので、まず表5のような基本中の基本をしっかりおさえてから前に進みましょう。表5の順に重要ポイントを整理します。

■表5 特殊感覚についての基本情報

感覚	器官	受容器	受容細胞	最適刺激
視覚	眼	網膜	視細胞（錐体、杆体）	可視光線（波長380〜780nm）
聴覚	耳	蝸牛	有毛細胞	音波（周波数20〜20000Hz）
平衡覚	耳	前庭	有毛細胞	体の傾き
		半規管	有毛細胞	体の回転
嗅覚	鼻	嗅上皮	嗅細胞	気体中の化学物質
味覚	舌	味蕾	味細胞	液体中の化学物質

視覚

まず視覚ですが、ここでは視細胞に焦点を絞ります。視細胞には色を感じる錐体細胞と明暗を感じる杆体細胞の2種類があります。両者の割合は約1対20で、しかも錐体細胞が網膜の中心部に集中して配されるので、網膜の周辺部では杆体細胞主体の光受容が行われます（図13）。

杆体細胞の尖端部には視物質（ロドプシン）が含まれ、光エネルギーを電気エネルギーに変換します。光エネルギーが変化すると電気エネルギーも変化し、これが電気信号になります。

ロドプシンは非常に弱い光にも反応しますが、色は区別できません。錐体細胞の尖端部にもロドプシンに似た物質（ロドプシン様物質）が含まれ

ています。この物質は強い光にしか反応しませんが、3色（赤、青、緑）を区別できます。

　視細胞で生じた電気信号は、シナプス伝達によって視神経に伝えられ、視床でシナプスを換えた後、後頭葉の一次視覚中枢に伝えられます。この段階では眼でとらえた物体や風景を上下左右逆にした情報（電気信号）が届けられただけで、それが何を意味するのかはまったくわかりません。後頭葉の一次視覚中枢から側頭葉に情報が送られる過程で、徐々に意味づけが行われます。図14は眼球と視床の位置関係を示す模式図です。

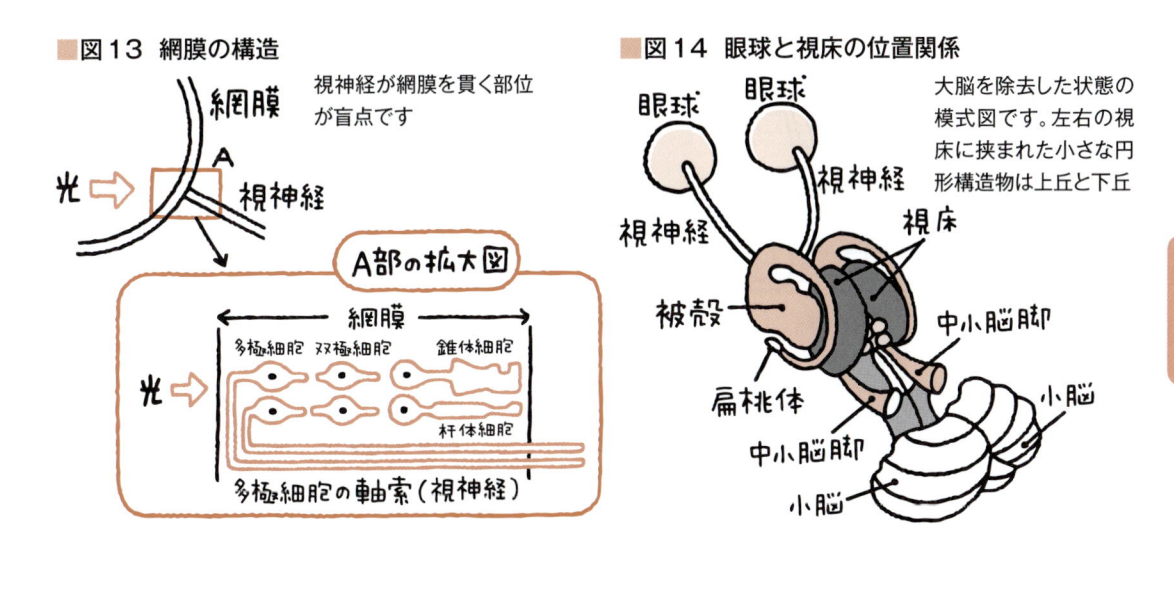

■図13　網膜の構造

視神経が網膜を貫く部位が盲点です

■図14　眼球と視床の位置関係

大脳を除去した状態の模式図です。左右の視床に挟まれた小さな円形構造物は上丘と下丘

聴覚

　聴覚は音刺激で生じる感覚です。図15（P.42）を使ってさらに説明します。外耳道から入った音波はまず鼓膜、ツチ骨、キヌタ骨、アブミ骨、次に前庭階と鼓室階を満たすリンパ液、最後に基底板へと伝えられます。基底板が振動し、有毛細胞尖端の不動毛が蓋膜に押しつけらると、有毛細胞が興奮するしくみになっています。有毛細胞から情報を受け取った蝸牛神経は、脳幹部の蝸牛神経核にシナプス伝達します。脳幹部から出た神経線維は視床でシナプスを換え、最後に側頭葉の聴覚中枢に終わります。

平衡覚

　図15（P.42）では省略されていますが、前庭階には前庭・三半規管複合体が開口しています。つまり前庭・三半規管も前庭階・鼓室階を満たすの

■図15 音波が伝わるしくみ

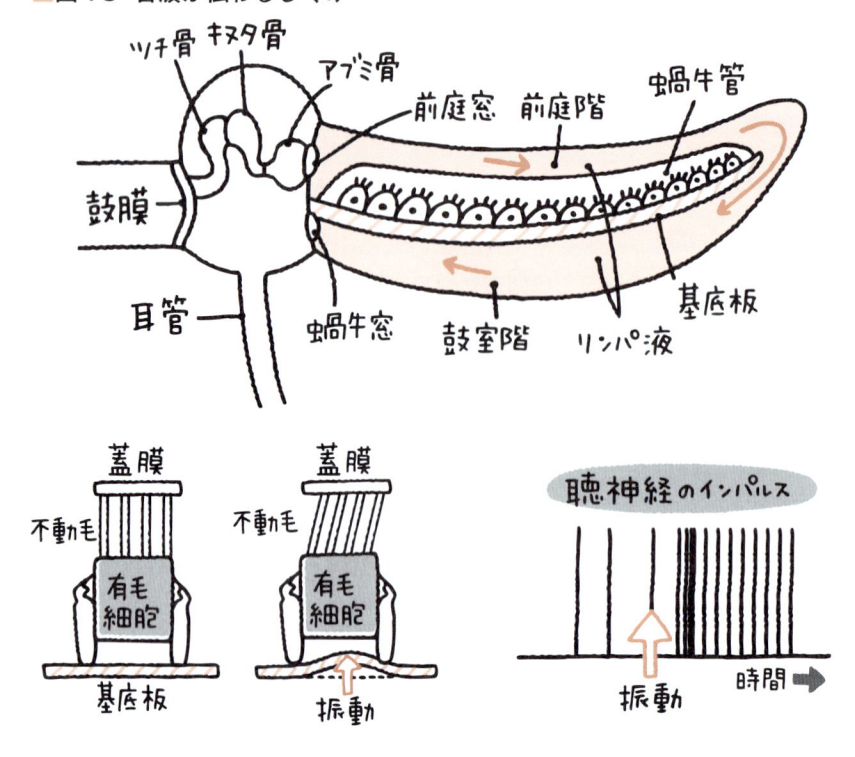

と同じリンパ液で満たされています。

図16は三半規管のうちの1つ、水平方向の加速度を感知する水平半規管の模式図です。頭部が反時計回りに回転すると、リンパ液はその加速度についていけないので、時計回りの方向に動毛を押し、その結果、有毛細胞が興奮します。有毛細胞の興奮は前庭神経のインパルスとして延髄に伝えられます。

嗅覚、味覚

嗅細胞と味細胞は化学物質を感知して興奮します（図17）。嗅細胞は嗅神経の一部なので、嗅細胞の興奮はそのまま嗅神経の求心性インパルスになりますが、味細胞はシナプス伝達によって脳神経を興奮させなければなりません。

花を飾るとはじめはいいにおいがしますが、しばらくするとにおいを感じなくなります。これは花がにおいを出さなくなったのではなく、嗅細胞に順応が生じるためです。このときに感じないのはその花のにおいだけであり、ほかのにおいは普通にわかります。

花のにおいに順応した後でクンクンと強く嗅ぐと、またにおいがしてきます。これは、もともと嗅部は換気が悪く、外気が入りにくい構造になっ

■図16 水平半規管

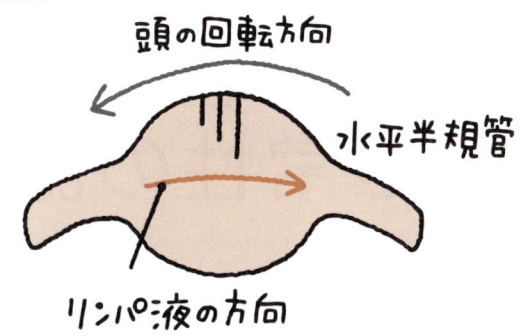

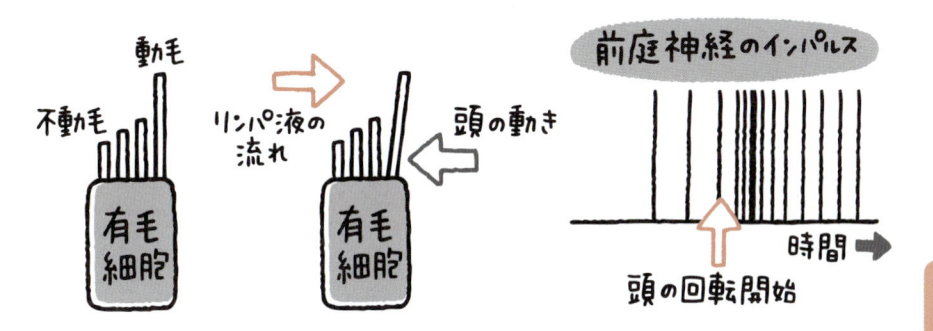

ているためです。嗅覚は閾値が低く敏感な感覚ですが、判別性が悪く疲労しやすい（順応が早い）感覚です。都市ガスや天然ガスには、ガス漏れ事故に早く気づくようにツンとくるにおいがつけてあります。添加物は腐肉臭の素であるメチルメルカプタン。しかし、それでも事故が起こるのは嗅覚の順応が早いためでしょう。

味覚は、辛味（しょっぱい）、酸味（酸っぱい）、甘味（甘い）、苦味（苦い）に大別されますが、最近はうま味を加えることが主流です。

■図17 嗅細胞と味細胞

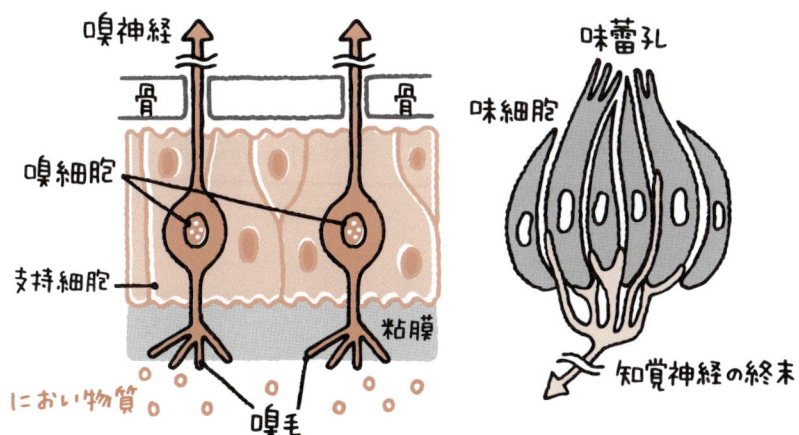

味細胞に分布する知覚神経は顔面神経と舌咽神経の知覚枝です

看護に必要な 生物

第5章

看護に必要な生体の恒常性の話

私たちの体は正常な状態を保つため、
さまざまなメカニズムを備えています。
これらは、あらゆる看護の勉強にとって重要なポイントになっています。

体液の恒常性 ―血液のはたらき―

医学大辞典で恒常性（ホメオスタシス）を調べると、「種々の機能や体液、組織の化学的性質についての身体の平衡状態、あるいは平衡状態を維持する過程」と書かれています。要するに、体内環境が常に一定であること、あるいは、一定に保つメカニズムの意味です。

例えば体温。暑くなると汗をかいて体温を下げようとし、寒くなると筋肉を震わせて体温を上げようとします。体内を循環する血液についても恒常性が維持され、その性質が大きく変化することはありません。

まず、簡単な計算をしてみましょう。

解いてみよう!!

例題3 健常人の血液量はいくらか。体重は60kg、血液の比重は1.06とする。

解答・解説

[解答] 4.5L

[解説] 血液の重量は体重の約8％（13分の1）なので、

$$血液量 = \frac{60kg \times 0.08}{1.06}$$
$$\fallingdotseq 4.5(L)$$

血液の性質

血液のおもな機能は以下の4つです。

①物質の運搬（酸素、栄養分、ホルモン、老廃物）
②恒常性の維持（pH、浸透圧）
③血液凝固
④生体防御

血液は、液体成分（血漿）と血球成分から構成されます（図1）。血球成分の容積パーセントはヘマトクリット値として知られています。血漿のおもな成分と血球成分の特徴については、表1と表2にまとめましたので、しっかり復習してください。

ヘマトクリット値

ヘマトクリット値とは、「血液中に占める血球成分の容積パーセント」。正常値は、成人男子で39～50％、成人女子で36～45％。

■図1 血漿成分と血球成分

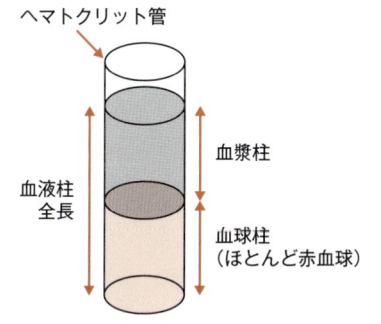

血液に抗凝固剤を入れてしばらく置くと、血漿成分と血球成分に分かれる。

■表1 血漿のおもな成分

成分	量・割合
水分	91%
電解質	0.9%
タンパク質	6.5～7.5g/dL
糖質	70～100mg/dL
脂質	1%

注：血漿＝血清＋フィブリノーゲン（凝固因子）

■表2 血球成分の特徴

種類	形状	大きさ（直径μm）	寿命	数（個/μL）	おもな機能
赤血球		7～8	120日	450万～500万（男） 400万～450万（女）	酸素の運搬
白血球		10～20	不定	4000～6000	食作用 抗体産生
血小板		1～5	10日	20万～30万	血液凝固

白血球のほとんどは好中球（50～60％）とリンパ球（約30％）で、そのほかの細胞はわずかです。骨髄から血中に出たリンパ球（これをBリンパ球といいます）、あるいは胸腺を経て血中に出たリンパ球（これをTリンパ球といいます）はリンパ液中に移動し、以後、数日から数年間の寿命を迎えるまでリンパ液中と血液中を循環します。

生物5　看護に必要な生体の恒常性の話

ヘモグロビン（血色素）

　ヘモグロビン（血色素）は赤血球に含まれる最も重要な成分で、1分子で最大4モルの酸素を結合することができます。肺で酸素と結合して酸化ヘモグロビンHbO_2になり、末梢組織では酸素と解離してヘモグロビンHbに戻ります。そのため、血液中の酸素分圧（濃度）は組織では低くなります（図2）。詳しくは呼吸器系のしくみ（P.53〜）で解説します。

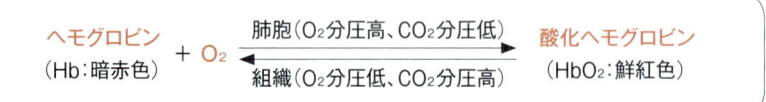

　ヘモグロビン　　　　肺胞（O_2分圧高、CO_2分圧低）　　　酸化ヘモグロビン
　（Hb：暗赤色）　+ O_2 ⇄ ─────────────────────→ （HbO_2：鮮紅色）
　　　　　　　　　　　組織（O_2分圧低、CO_2分圧高）

　血清中のタンパク質は、電気泳動法によってアルブミン（約60％）とグロブリン（約40％）に、グロブリンはさらに$α_1$、$α_2$、$β$、$γ$の4種類に大別されます（図3）。$γ$グロブリンは形質細胞（組織内に移動したBリンパ球）でつくられますが、それ以外は肝臓で産生されます。

ヘモグロビンの血中濃度

ヘモグロビンの血中濃度は約15g/dL。成人の血液量を約5L（=50dL）とすると、体内ヘモグロビンの総量は750gに達する。

電気泳動法

DNAやタンパク質を分離する方法で、荷電粒子や分子が電場のなかを移動する現象を利用している。

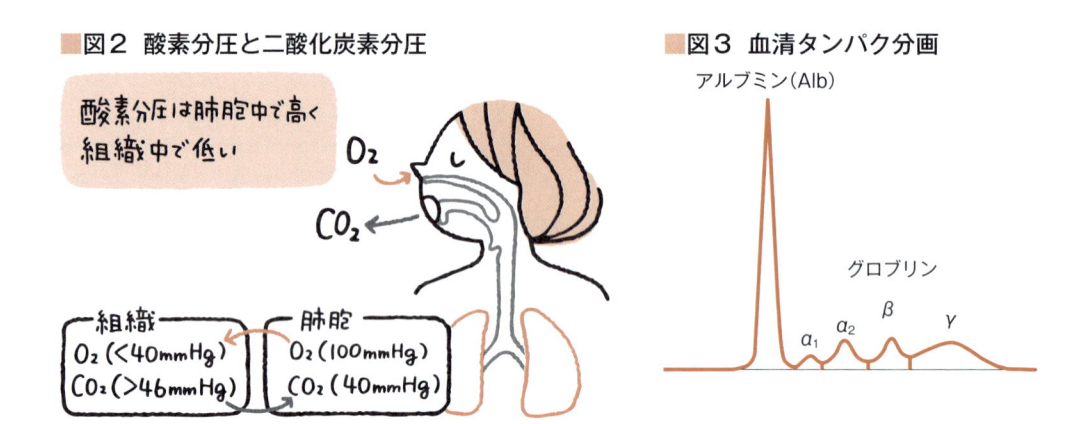

■図2　酸素分圧と二酸化炭素分圧

酸素分圧は肺胞中で高く組織中で低い

組織
O_2（<40mmHg）
CO_2（>46mmHg）

肺胞
O_2（100mmHg）
CO_2（40mmHg）

■図3　血清タンパク分画

アルブミン（Alb）

グロブリン

$α_1$　$α_2$　$β$　$γ$

生体防御のしくみ

　微生物や異物の侵入を食い止めたり、体内に侵入した微生物の増殖を抑え、異物を排除して守ろうとするしくみを生体防御といいます。生体防御の方法には、大きく分けて「攻撃」と「防御」の2つの方法があります。「攻撃」の方法のうち、有名なのが免疫です。

　免疫には、多能性造血幹細胞から派生する単球、マクロファージとリンパ球が関与します。免疫系が異物として認識する物質が抗原ですが、異物に対して抗原抗体反応で対抗しようとするのが体液性免疫（humoral immunity）です。抗体（＝免疫グロブリン）を産生するのはリンパ球（Bリ

抗原抗体反応

体内に抗原が侵入すると抗体がつくられる。抗原抗体反応とは、抗体が抗原と結合して抗原のはたらきを抑えようとするはたらきのこと。

ンパ球から分化した形質細胞)です。

　一方、リンパ球(キラーT細胞)を動員して抗原を直接攻撃するのが細胞性免疫(cellular immunity)です。移植の拒絶反応はその代表例です。なお、ヒト免疫不全ウイルス(HIV)はTリンパ球に感染してTリンパ球を破壊します。

単球、マクロファージの特徴

　抗体産生に深くかかわる単球・マクロファージのおもな特徴は以下のとおりです。形態は図4を参照してください。

- 代表的な貪食細胞である
- 白血球の5～10%を占める
- 血管内から血管外組織に移動する
- 単球が分化・成熟するとマクロファージになる
- 貪食・殺菌作用によって自然免疫に貢献する
- 抗原プロセッシングを行う
- プロセスした抗原(=抗原ペプチド)をT細胞に提示する。獲得免疫にも貢献する

自然免疫

個体に生来備わっている生体防御機能のこと。反対語は獲得免疫。皮膚・粘膜・その表面を覆う体液による物理化学的防御、好中球・マクロファージなどによる貪食作用、自然抗体や補体のオプソニン作用、NK細胞による免疫監視機構などである。

抗原プロセッシング

抗原タンパク質が細胞内で分解されて、クラスIMHCタンパクと結合できる程度の大きさに分解されること。

■図4 血球の分化

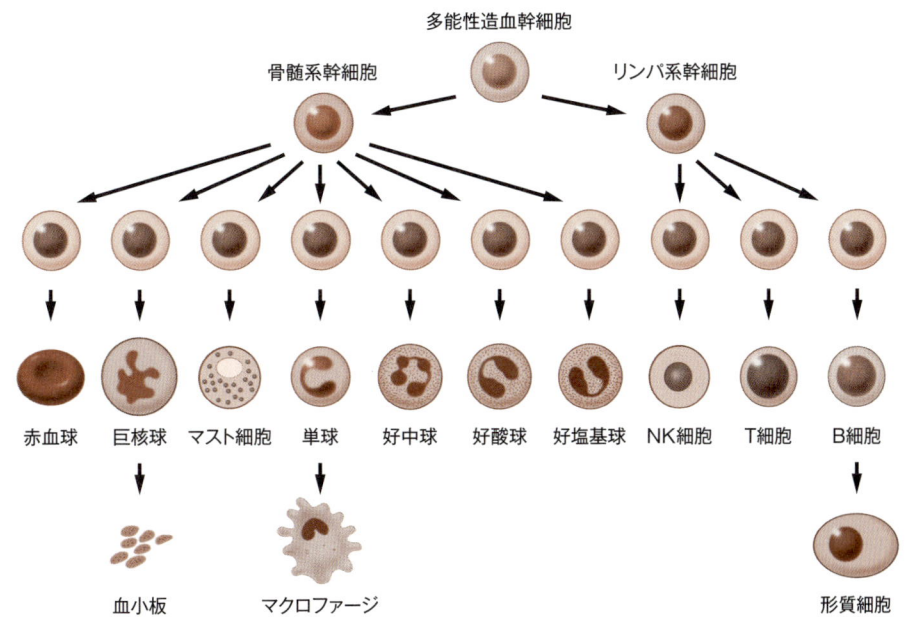

多能性造血幹細胞 → 骨髄系幹細胞、リンパ系幹細胞

赤血球、巨核球、マスト細胞、単球、好中球、好酸球、好塩基球、NK細胞、T細胞、B細胞

巨核球 → 血小板
単球 → マクロファージ
B細胞 → 形質細胞

烏山一:免疫系のしくみとその制御　免疫系の細胞とその分化,免疫系の組織,わかりやすい免疫疾患,宮坂信之 監修・編集,南山堂,東京,2005:S25図1を参考に作成

リンパ球の特徴

リンパ球は白血球のうち、約30%を占めます。リンパ球には、B細胞、T細胞、NK（ナチュラルキラー）細胞があり、このうち、NK細胞が自然免疫に、B細胞とT細胞が獲得免疫に貢献します。それぞれの特徴を表3にまとめました。

> **獲得免疫**
> 生後、外来の刺激によって獲得される免疫のこと。

■表3 リンパ球の特徴

B細胞	● 成熟して形質細胞になり、抗体を産生する。体液性免疫を担当する ● 細胞表面にB細胞レセプター（＝膜結合型免疫グロブリン）をもつ
T細胞	● 細胞自身が直接免疫反応にかかわる→細胞性免疫 ● キラーT細胞（細胞傷害性T細胞）とヘルパーT細胞に分類される
NK細胞	● 抗原・抗体反応を起こすが抗原特異性は低い ● 腫瘍細胞やウイルス感染細胞を事前の感作なしに殺傷できる（「事前の感作なしに」とは、「以前に一度も遭遇したことがなくても」の意味）

免疫応答メカニズム

ここまでおさらいしてきた免疫応答のメカニズムのポイントをまとめました。

- 体内に侵入した微生物（＝抗原）は、抗原提示細胞（マクロファージなど）の中に取り込まれて処理される
- 処理された抗原（＝抗原ペプチド）は、抗原提示細胞の表面にあるMHC（major histocompatibility complex：主要組織適合抗原分子）に挟まれて抗原提示される。提示される側はT細胞
- T細胞はその表面にT細胞レセプター（TCR）をもつ
- TCRは抗原（＝抗原ペプチド）と直接結合することができない
- TCRは抗原（＝抗原ペプチド）とMHCの複合体には結合できる（識別できる）
- 識別したT細胞は、ヘルパーT細胞（Th細胞）や細胞傷害性T細胞（キラーT細胞）に変化する
- Th細胞はサイトカインを分泌する

> **抗原提示細胞**
> 抗原となる物質を生体内で除去する細胞。

> **サイトカイン**
> 細胞間での情報伝達にかかわるタンパク質。

免疫グロブリンの特徴

　B細胞から分化した形質細胞でつくられる抗体が免疫グロブリンです。免疫グロブリンは、タンパク質で、抗原のはたらきを抑える役割があります。免疫グロブリンには、IgG、IgA、IgM、IgD、IgEという基本構造の異なる5つの種類があります。それぞれの特徴は次のとおりです。

- IgA：最初に産生される抗体
- IgD：役割不明
- IgG：最も量が多く（75％）、胎盤を通過できる唯一の抗体→胎児の免疫を担う
- IgM：分子量が最大（別名：マクログロブリン）
- IgE：1型（＝即時型）アレルギーに関与する（図5）

■図5　ヒスタミンの作用機序

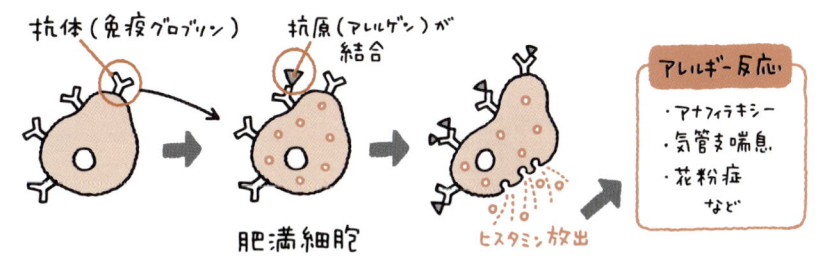

血液凝固

　血液凝固とは、血液中のタンパク質フィブリンが赤血球などの血球成分を絡め取って、べっとりした固まり（血餅）を形成することです。厳密には間違いですが、P.45図1の赤色の部分と考えてください。

　フィブリン形成には、12種類（Ⅰ〜ⅩⅢ、Ⅵは欠番）の血液凝固因子（P.50表4）、および番号の付されていない何種類かの因子が関与します。これらを覚える必要はまったくありません。しかし、基礎中の基礎として、図6（P.50）に示した2つの反応をマスターしておくと、今後の学習に非常に役に立つでしょう。

　ちなみに、凝固因子の多くは肝臓でつくられます。したがって、肝臓病では出血傾向（出血が止まりにくいこと）が出現します。また、表中で★印のついた4因子は合成の際にビタミンKが必要なため、ビタミンK依存性凝固因子といいます。ビタミンK拮抗薬は国試対策の最重要ポイントです。

■表4 血液凝固因子

因子	慣用名	産生臓器	機能
I	フィブリノゲン	肝臓	基質
II	プロトロンビン★		タンパク質分解酵素前駆体
III	組織因子	各組織	補助因子
IV	カルシウム		
V	不安定因子	肝臓	
VII	プロトンバーチン★		タンパク質分解酵素前駆体
VIII	抗血友病因子	肝臓か？	補助因子
IX	クリスマス因子★	肝臓	タンパク質分解酵素前駆体
X	スチュアート因子★		
XI	血漿トロンボプラスチン前駆因子		
XII	ハーゲマン因子		
XIII	フィブリン安定化因子	肝臓、血小板	トランスアミラーゼ前駆体

■図6　血液凝固の最終段階

- 反応1　プロトロンビンがトロンビンに変換される（トロンビンはタンパク分解酵素）。
- 反応2　トロンビンの触媒作用により、フィブリノゲンがフィブリンに変換される。

反応1
プロトロンビン → トロンビン
フィブリノゲン → フィブリン
反応2

確認のためもう一度トライ！　演習問題 8

問題1 貪食を行う細胞はどれか。2つ選べ。
1. 単球
2. 赤血球
3. 好中球
4. Tリンパ球
5. Bリンパ球

（第99回午前問題81）

問題2 免疫グロブリンとその特徴との組合せで正しいのはどれか。
1. IgG―胎盤を通過する。
2. IgM―消化管免疫に働く。
3. IgA―分子量が最も大きい。
4. IgE―II型アレルギーに関与する。

（第92回午前問題2）

問題3 血液凝固に関連するのはどれか。
1. ヘモグロビン
2. フィブリノゲン
3. マクロファージ
4. エリスロポエチン

（第96回午前問題11必修）

正解はP.80をチェック！

循環器系のしくみ

心臓と血管

　心臓は全身に血液を送り出すポンプです。血液のはたらきは、肺・腎臓のはたらきと密接に関係します。したがって、心臓のはたらきは血液と肺と腎臓のはたらきと密接に関係します。つまり、血液、肺、腎臓が病気になると心臓に負担がかかることになります。

　心臓が1分間に送り出す血液量を、心拍出量（略称はCO）といいます。安静時では約5L/分ですが、運動をすると約5倍に増えます。

　簡単な計算をしてみましょう。

例題 4

1日当たりの心拍出量（L/日）はどれか。ただし、終日安静にしていたとする。
1. 7.2L
2. 72L
3. 720L
4. 7200L

解いてみよう!!

解答・解説

［解答］4

［解説］安静時の心拍出量が計算できれば、あとは応用問題です。

　まず心拍出量を計算します。安静時の心臓は拍動当たり約70mLの血液を拍出します。1日の平均心拍数が70とすると、

　　心拍出量＝拍動当たりの拍出量（mL/回）×心拍数（回/分）
　　　　　　＝70×70
　　　　　　＝4900mL/分（約5L/分）

毎分5Lとすると、1日24時間では、5×60×24＝7200L＝7.2kL……正解は4。

　ちなみに、血液の比重は1.06なので、血液7.2kLの重さは約7.6t。すごい量です。現実にはあり得ないことですが、もし1日中運動したとすれば、7.6t×5＝38t。もっとすごい量です。

循環システム

　心臓には図7（P.52）のように4つの部屋（左心房、右心房、左心室、右心室）があります。心臓の筋肉は冠動脈から血液の供給を受けています。全身の循環システムは体循環系と肺循環系に分かれますが（P.52図8）、動脈血の流れと静脈血の流れをおさえておくのもポイントです。

生物 5　看護に必要な生体の恒常性の話

■図7 心臓の模式図

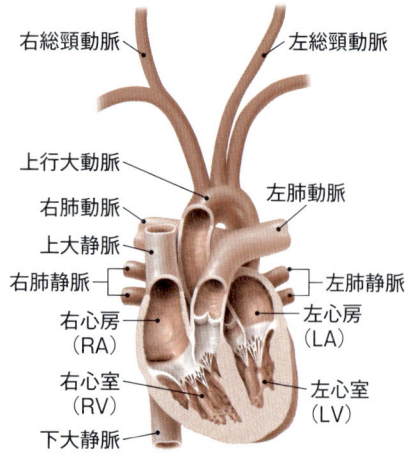

- 右総頸動脈
- 左総頸動脈
- 上行大動脈
- 右肺動脈
- 上大静脈
- 右肺静脈
- 左肺動脈
- 左肺静脈
- 右心房（RA）
- 左心房（LA）
- 右心室（RV）
- 左心室（LV）
- 下大静脈

■図8 体循環と肺循環

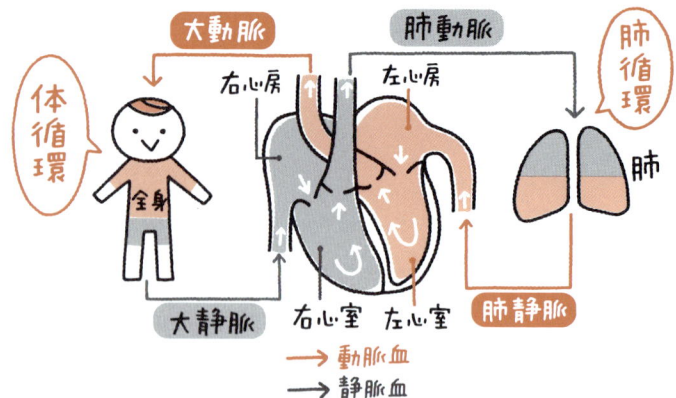

体循環／肺循環
大動脈／肺動脈／肺静脈
右心房／左心房／右心室／左心室
大静脈
全身／肺
→ 動脈血
→ 静脈血

- 動脈血の流れ：肺から出発すると、肺→肺静脈→左心房→左心室→大動脈
- 静脈血の流れ：末梢組織から出発すると、末梢組織→静脈→大静脈→右心房→右心室→肺動脈→肺

心臓の自動能

　心臓には自動能があり、神経系（＝自律神経系）から完全に切り離された状態でも拍動を続けることができます。この自動能は洞房結節細胞（正確には洞房結節細胞の歩調とり活動）にあります（図9）。

　しかし、自律神経系は心臓のはたらきを常にモニターしています。モニター情報は延髄に送られ、そこで統合されて心臓に指令としてフィードバックされます（図10）。アセチルコリンとノルアドレナリンがフィードバックの伝令役です。例えば、右心房壁にある圧受容器（伸展受容器）が静脈還流量を常にモニターしています。

　吸気中には静脈環流量が増加するので伸展受容器が刺激されます。この情報は迷走神経を介して延髄孤束核に送られ、孤束核ニューロンを興奮させます。この情報は吻側延髄腹外側核を介して迷走神経を抑制し、心拍数が増加します。

■図9 刺激伝導系

洞房結節 → 房室結節 → ヒス束 → 脚 → プルキンエ線維

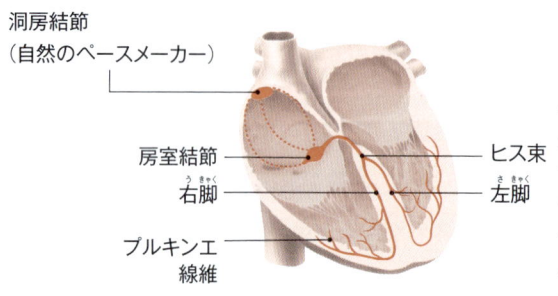

洞房結節（自然のペースメーカー）
房室結節
右脚
左脚
ヒス束
プルキンエ線維

心臓の自動能は、洞房結節で発生する定期的な興奮によって引き起こされます。洞房結節からの興奮は、洞房結節→房室結節→ヒス束→左右の脚→プルキンエ線維という刺激伝導系を経て伝えられます。洞房結節は洞結節ともいわれます。

■ 図10 延髄による心機能調節

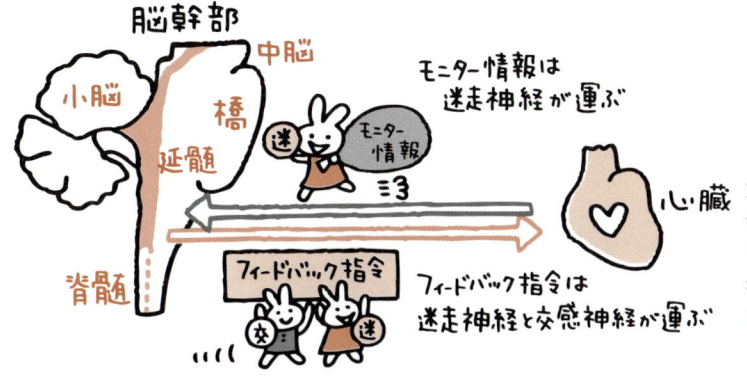

左側が脳幹部の模式図です。モニター情報（知覚情報）は主として迷走神経によって運ばれます。フィードバック指令（自律神経系遠心情報）は迷走神経と交感神経によって運ばれます。

確認のためもう一度トライ！　演習問題 9

問題1 全身から静脈血が戻る心臓の部位はどれか。
1. 右心房　2. 右心室
3. 左心房　4. 左心室

（第93回午前問題11必修）

問題2 正常心拍の歩調とり（ペースメーカー）はどれか。
1. ヒス束　2. 房室結節
3. 洞房結節　4. プルキンエ線維

（第97回午後問題4）

正解はP.80をチェック！

呼吸器系のしくみ

呼吸器（気道と肺）は**鼻腔**と**口腔**から始まり、**咽頭・喉頭**→**気管**→**気管支**→**細気管支**→**肺胞嚢**と続き、**肺胞**で終わります。肺胞嚢の壁は多数の肺胞からなるので、肺は無数（実際には約3億個）の肺胞の集合体であるといえます。肺胞は壁の厚さが0.5μm、直径が100〜200μm（安静呼気時：100μm、安静吸気時：200μm）の袋で、3億個分の総面積は畳40畳に相当します。肺胞の外側には毛細血管が走行します。

■ 図11 肺と肺胞の模式図

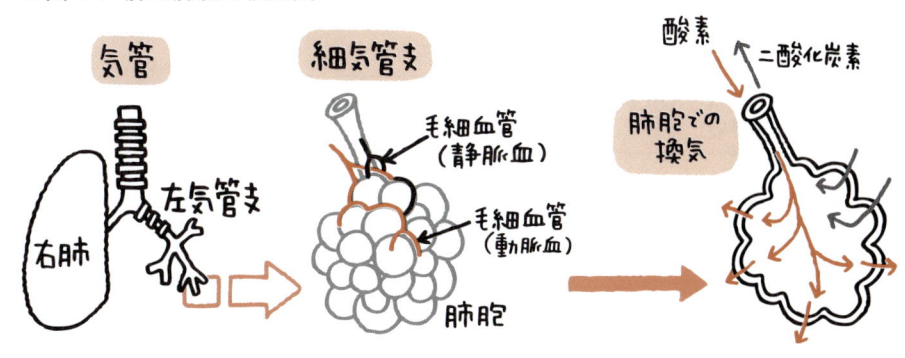

肺と呼吸

肺は胸郭という構造の内側にあります（**図12**）。肺は3つの機能をもっています。

> ①換気（＝肺呼吸）
> ②酸素の取り込み：ヒトは酸素を用いた組織呼吸（＝好気的代謝活動）がないと、個体を維持することができません。そのために周期的な換気による酸素の取り込みと、血液による末梢組織への酸素の運搬が必要不可欠なのです。その肺呼吸に必要な器官・臓器が気道と肺です
> ③二酸化炭素の排出：1日に約12.9モル

■図12 肺と気道　左：胸部X線写真　右：胸郭の模式図

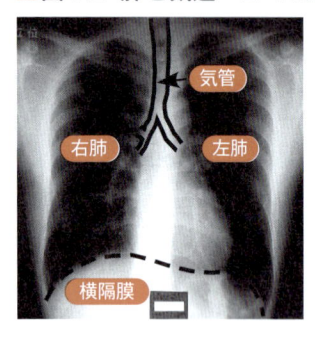

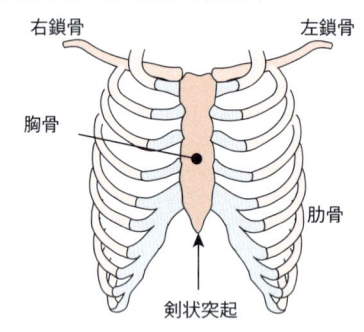

■表5 呼吸に関する基本用語の復習

用語	意味、説明、特記事項など	用語	意味、説明、特記事項など
吸息（吸気）	息を吸うこと（吸った気体）	内呼吸	全身の組織で行われる呼吸（組織呼吸）
呼息（呼気）	息を吐くこと（吐いた気体）	混合ガス	複数の成分からなる気体で、空気も混合ガス
換気	空気を出し入れすること	大気圧	空気の圧力＝760mmHg
ガス交換	換気によってガスを換えること	分圧	混合ガスの各成分の圧力
外呼吸	肺で行われる呼吸（肺呼吸）		

■表6 呼吸に関する基本情報の復習

項目	基本情報
酸素	大気中濃度は20.946％で、分圧は160mmHg
二酸化炭素	大気中濃度は0.036％（現在ゆっくりと上昇中）で、分圧は0.2mmHg
ヘモグロビン（Hb）	成人男子の血中濃度は約15g/dL。1gのHbは最大1.34mLの酸素を運搬
呼吸筋	横隔膜や肋間筋が主体両者とも骨格筋（随意筋）

Note 4

肺呼吸に必要な刺激

　ヒトの肺は、横隔膜や肋間筋のサポートがないと拡張できない、つまり空気を取り込めないしくみになっています。ところで、肺呼吸の大部分は無意識のうちに行われますが、肝心の横隔膜も肋間筋も随意筋です。無意識に動かすことは不可能です。そこで、規則正しく、かつ、無意識のうちに随意筋を収縮させるためには、脳からの規則正しいインパルスが必要不可欠というわけです。

酸素分圧

　肺胞内の酸素は肺胞を取り巻く毛細血管内に移行し、毛細血管内の二酸化炭素は肺胞内へ移行します。これがガス交換ですが、ガス交換はすべてガスの濃度差（圧力差）を駆動力とする拡散により行われます。

　例えば、大気中の酸素濃度は21％なので、酸素濃度を圧力に換算すると大気圧760mmHgの21％＝160mmHgです。酸素分圧は肺胞中では100mmHg、混合静脈血中では40mmHgまで下がります（表7）。

■表7　酸素分圧に関する基本情報

場所・部位	酸素分圧の計算方法
空気中	1気圧＝760mmHg 空気中の酸素量＝21％ ∴酸素分圧＝760mmHg×0.21≒160mmHg
気道内	呼気は水蒸気で100％に加湿される 水蒸気分圧は37℃で47mmHg ∴酸素分圧＝(760mmHg－47mmHg)×0.21≒150mmHg
肺胞	酸素が血液中に移行し、二酸化炭素が入ってくる 血液から肺胞に拡散する二酸化炭素分圧は48mmHg ∴酸素分圧＝150mmHg－48mmHg＝102mmHg

肺胞でのガス交換

　肺胞でのガス交換を復習しましょう。図13（P.56）に示したように、肺胞内酸素分圧と混合静脈血中酸素分圧の差は60mmHgです。酸素はこ

の濃度勾配を駆動力にして肺胞から静脈血中に拡散します。拡散は瞬時（約0.25秒間）に行われます。

成人男子の血中ヘモグロビン濃度が15g/dLで、100％酸素を結合していると仮定すると、ヘモグロビン1gは最大で1.34mLの酸素を結合できるので、

$$血液1dL中の酸素量 = 1.34mL/g \times 15g$$
$$= 20.1mL$$

になります。

■図13 肺胞でのガス交換

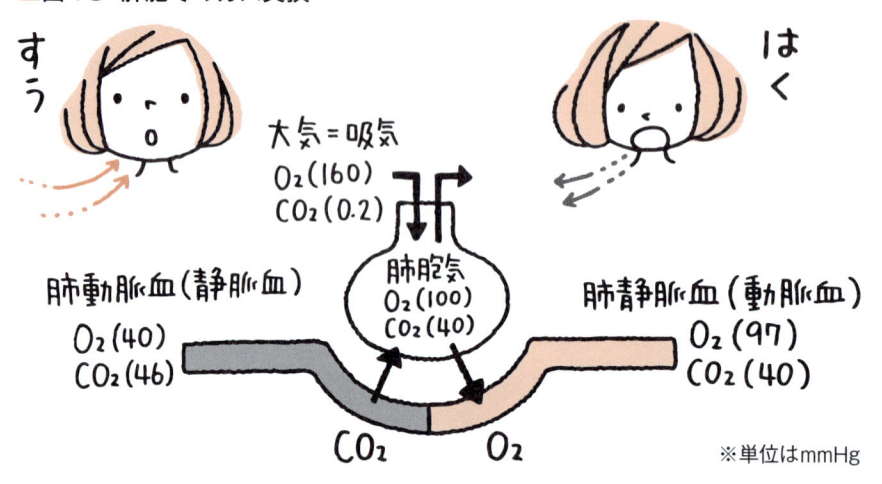

組織でのガス交換

組織でのガス交換はどうでしょうか。**図14**を見ながら復習しましょう。

組織では血中酸素分圧＞組織中酸素分圧なので、酸素は速やかに組織中に拡散します。その結果、血液100mL当たり5mLの酸素が消費されます。心拍出量が毎分5L（＝5000mL）のとき、

$$毎分の酸素消費量 = 5 \times \frac{5000}{100}$$
$$= 250mL$$

となります。

■図14 末梢組織でのガス交換

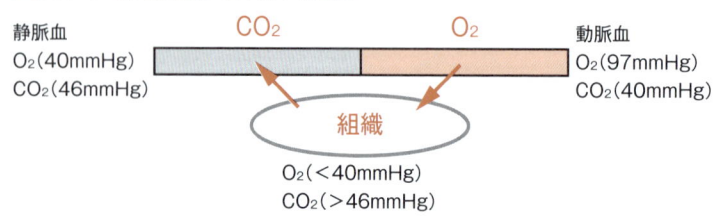

肺では、酸素含有量の高い組織(肺胞内の空気)から酸素含有量の少ない組織(静脈血)に向かって酸素が移動しますが、このように濃度勾配に従う物質移動を拡散と呼びます。

以上から得られるガス交換における重要なポイントは4つです。

> ①血液100mL中の酸素含有量は15mLと20mLの間で上下する
> ②肺で酸素5mLを補充し、末梢組織で5mLを消費する
> ③心臓は1分間に約5L＝5000mLの血液を拍出するが、その中には1000mLの酸素が含まれていて、その内訳は末梢組織での消費量250mLと消費されずに心臓に戻ってくる量750mL
> ④この消費分250mL／分は口呼吸によって補給される

解いてみよう!!

例題5

ガスの運搬で正しいのはどれか。
1. 肺でのガス交換は拡散によって行われる。
2. 酸素は炭酸ガスよりも血漿中に溶解しやすい。
3. 酸素分圧の低下でヘモグロビンと酸素は解離しにくくなる。
4. 静脈血中に酸素はほとんど含まれない。

(第94回午後問題11)

解答・解説

[解答] 1

[解説] 出題者は非常に基本的な知識を求めています。まず「化学」で気体の溶解度を復習できた人は、すぐに2の誤りに気づかれるでしょう。3と4は酸素解離曲線(ヘモグロビン酸素平衡曲線)を知っていないと解けません(図15)。これはS字状の曲線で、横軸が酸素分圧(mmHg)、縦軸が酸素含有量(mL/100mL)。この図から血液100mL当たりの酸素含有量が動脈内(酸素分圧は約100mmHg)では約20mL、静脈内(酸素分圧は約40mmHg)では約15mLだとわかります。したがって、酸素分圧が低下するとヘモグロビンと酸素は解離しやすくなるのです。つまり3は×。静脈血中にも15mL/100mLの酸素が含まれるので4も×です。正解は1。

■図15 酸素解離曲線(ヘモグロビン酸素平衡曲線)

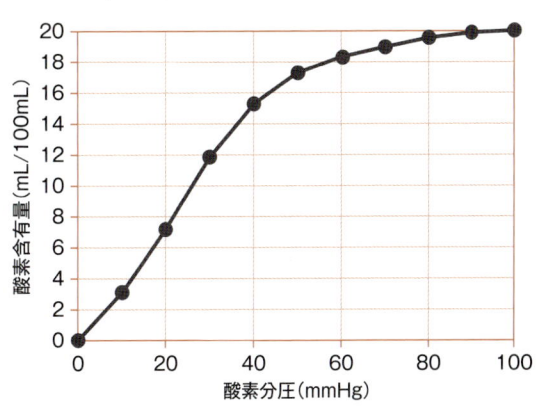

生物5 看護に必要な生体の恒常性の話

呼吸の神経性調節

　最後に呼吸の神経性調節について復習します。呼吸運動の中枢は延髄にあり、延髄呼吸中枢と呼ばれる領域のニューロンが規則的に興奮し、インパルスを運動ニューロンに伝えています（図16）。横隔膜は、第3～5頸髄の運動ニューロンから出る神経（横隔神経）に支配されています。したがって、交通事故などによって頸髄を損傷すると、横隔膜を動かすことができなくなり、呼吸筋麻痺を起こします。脳死状態では、延髄呼吸中枢の活動も停止するため自力では呼吸できません。

■図16　呼吸中枢のはたらき

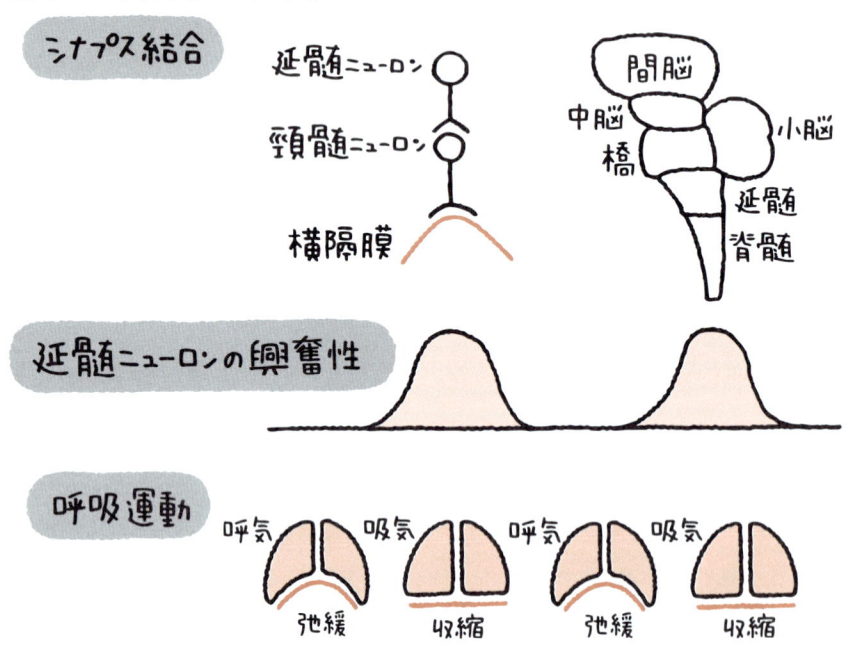

● 呼吸運動と横隔膜
　呼気時（息を吐いている状態）：横隔膜は弛緩して上がります（＝胸郭の容積が少なくなります）
　吸気時（息を吸っている状態）：横隔膜は収縮して下がります（＝胸郭の容積が大きくなります）

排泄や吸収のしくみ
― 泌尿器系と消化器系 ―

腎臓

　腎臓は、図17のような位置にある手拳大の臓器です。腎臓は、尿の生成も含めて3つの機能をもっています。

① 血液の濾過＝老廃物や有害物質の除去：濾過は「限外濾過（無差別に濾過すること）」で、分子量7万以下の物質は無差別に捨てられます。赤血球とタンパク質は濾過を免れます（表8）。甲状腺ホルモンは分子量が7万以下なので当然濾過されるはずですが、サイログロブリンと結合して分子量をアップさせているために濾過を免れます
② 体液の量や物理化学的性質（pHや電解質濃度など）の恒常性保持
③ レニンの分泌（＝血圧の調節）とエリスロポエチンの分泌（＝赤血球生産の調節）

■表8 尿の性質

尿量	1.0～1.5L/日
比重	1.015～1.039
浸透圧	血漿浸透圧の25～400%
pH	弱酸性
溶質	糖、タンパク質、赤血球などは検出されないのが正常

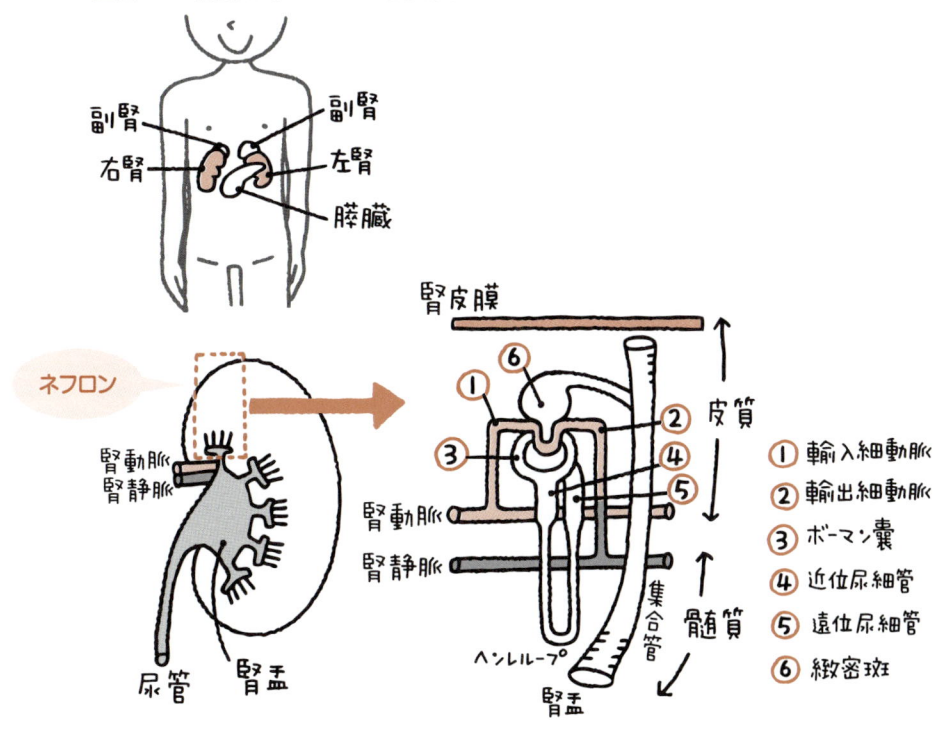

■図17 腎臓とネフロンの模式図

ネフロン

尿を生成するための基本単位はネフロンと呼ばれる微細器官で、片方の腎臓に約100万個ずつあります。ネフロンは腎小体、尿細管、および集合管から構成され、その腎小体は糸球体とそれを取り囲むボーマン嚢から構成されます。

糸球体で濾過された血漿成分（これを原尿と呼びます）はボーマン嚢腔内に押し出され、尿細管を経て集合管へ流出します。この間にいろいろな物質の分泌・再吸収が行われますが、水分量はどんどん減少します。糸球体での水分量を100とすると、集合管ではわずか1にまで減少します（図18）。

成人の安静時腎血流量は毎分約1Lです。血液中の血漿量が55％だと仮定すると、毎分の血漿流量は約550mL。糸球体ではこの20％に相当する約110mLが濾過の対象になります。この値を、1分間に糸球体で濾過される血漿量という意味で、糸球体濾過量（GFR：glomerular filtration rate）と呼び、糸球体が正常に機能しているかどうかを判定する際の重要な指標になります。

■ 図18 尿細管のはたらき

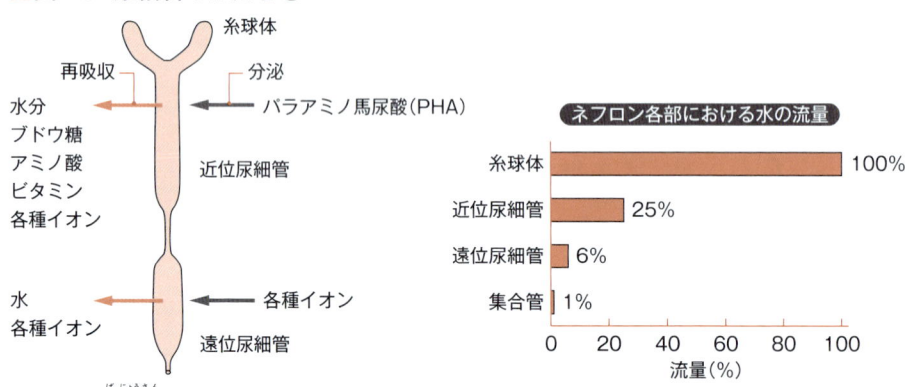

パラアミノ馬尿酸は糸球体からは濾過され、尿細管からは分泌されます。再吸収はされません。

水の再吸収

水の再吸収について考えてみましょう。GFR（糸球体濾過量）が110mL/分だと仮定すると、糸球体で1日に濾過される水分（＝血中の血漿成分）は次のように計算できます。

$$1日に濾過される水分 = 110mL \times 60分 \times 24時間$$
$$= 158400mL$$
$$= 158.4L\,(\because 1L = 1000mL)$$
$$\fallingdotseq 158L$$

ところが、実際に尿として排泄されるのはせいぜい1.5L（P.59表8）。したがって、じつに99％以上の水分が再吸収されていることがわかります。濾過された水分の約70％は近位尿細管で再吸収されますが、これはアクアポーリン（aquaporin）というタンパク質が水チャネルとして機能するからです。下垂体後葉から分泌されるバソプレシン（別名：抗利尿ホルモン）は、尿細管での水の再吸収を促進します。

アクアポーリン
細胞膜に組み込まれた水分子が通過するための専用のタンパク質のこと。アクアポーリンが細胞膜に水分子が通過する通り道（これを水チャネルという）の役割を果たしている。

ブドウ糖やナトリウムの再吸収

ブドウ糖やナトリウムの再吸収はどうなっているかを調べてみましょう。血液中のブドウ糖とナトリウムは糸球体で限外濾過、つまり無差別濾過されてしまいます。しかし、濾過されたブドウ糖のすべて、ナトリウムのほぼすべて（99％以上）は尿細管で再吸収されます。

ブドウ糖の再吸収を担当するのは、上皮細胞にあるグルコーストランスポーターという特殊なタンパク質。ナトリウムの再吸収は、イオンチャネル（上皮性ナトリウムチャネル）と酵素（ナトリウムポンプ）の共同作業で行われます。上皮細胞ナトリウムポンプを蛍光染色して蛍光顕微鏡で観察すると、黄緑色に光ります（図19）。

副腎皮質から分泌されるステロイドホルモン（アルドステロン）は、ナトリウムポンプを刺激してナトリウムの吸収とカリウムの排泄を促します。

■図19 ナトリウムポンプの蛍光顕微鏡写真

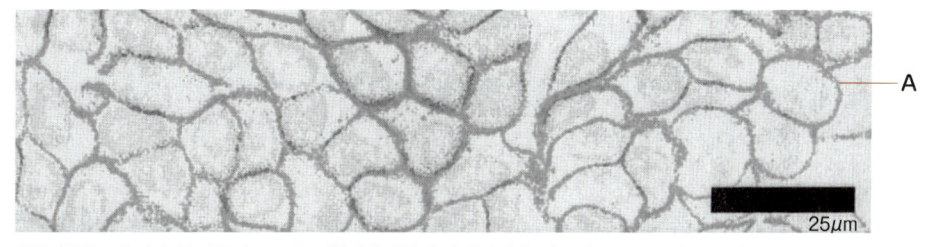

単層構造の上皮細胞（正確にいえば培養細胞）を真上から観察したところと考えてください。Aの網状の部分（実際には黄緑色に光っている）がナトリウムポンプに富んだ部分です。写真提供は藤田裕司博士。

窒素化合物や尿酸の再吸収

　窒素化合物や尿酸の再吸収について復習します。尿中物質の濃縮比（**表9**）を調べるとブドウ糖では0であるのに対して、尿素やクレアチニンでは70〜200倍を示します。これは、尿素やクレアチニンはほとんど再吸収されないことを意味すると同時に、これらが老廃物であることを意味しています。

　事実、クレアチニンは筋肉細胞内に豊富に存在するクレアチンから産生される窒素化合物で尿中のみに排泄され、尿細管では再吸収も分泌もされないので腎機能の優れた指標として広く利用されています。

■表9　尿中物質の濃縮比

	血中濃度A（mg/dL）	尿中濃度B（mg/dL）	濃縮比B/A
ブドウ糖	100	0	0
尿素	26	1820	70
クレアチニン	1.1	196	200

水素イオンの分泌

　最後に水素イオンの分泌を確認しましょう。尿細管上皮細胞は胃の塩酸分泌細胞と同様に、水と炭酸ガスから炭酸を経て水素イオンと重炭酸を産生し水素イオンを尿細管腔に分泌します。分泌には酵素（プロトンポンプ）やトランスポーター（Na/H−交換系）が関与します。

腎臓の内分泌機能

　腎臓には内分泌機能も備わっています。具体的にはレニンの分泌です（**図20**）。レニンは糸球体のすぐ近くにある特殊な細胞から分泌され、肝臓で合成されたアンジオテンシノーゲンをアンジオテンシンⅠに変換します。

　アンジオテンシンⅠは、肺の血管内皮細胞が分泌する酵素（アンジオテンシン変換酵素、略称はACE）によりアンジオテンシンⅡに変換されます。アンジオテンシンⅡは血管平滑筋を収縮させるとともに、アルドステロンの分泌を促します。つまり、レニンが分泌されると血圧が上がるしくみになっているわけです。このしくみを、レニン・アンジオテンシン・アルドステロン系と呼びます。

> アンジオテンシノーゲン
>
> 肝臓でつくられるタンパク質のこと。

■図20 レニン・アンジオテンシン・アルドステロン系

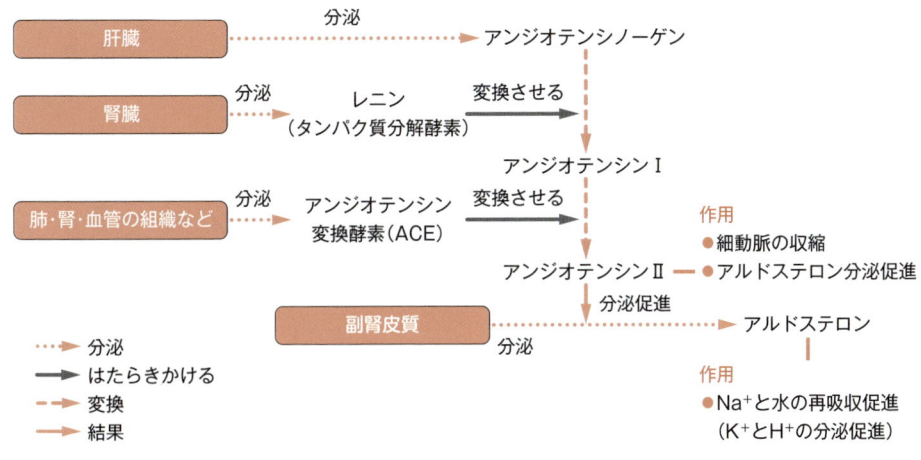

```
肝臓 ┈┈分泌┈┈→ アンジオテンシノーゲン
                      ↑
腎臓 ┈分泌┈→ レニン ──変換させる──┤
              (タンパク質分解酵素)
                              アンジオテンシンⅠ
                                  ↑
肺・腎・血管の組織など ┈分泌┈→ アンジオテンシン ──変換させる──┤
                              変換酵素(ACE)
                                                 作用
                                                 ●細動脈の収縮
                              アンジオテンシンⅡ ──● アルドステロン分泌促進
                                      ↓分泌促進
              副腎皮質 ┈┈┈┈┈┈→ アルドステロン
                          分泌
                                                 作用
                                                 ●Na⁺と水の再吸収促進
                                                  (K⁺とH⁺の分泌促進)
```

┈┈▶ 分泌
──▶ はたらきかける
──▶ 変換
──▶ 結果

　腎臓は、エリスロポエチンというホルモンも分泌します。血中酸素濃度の低下によって分泌が刺激されます。分泌されたエリスロポエチンは、骨髄の赤血球系幹細胞を刺激して赤血球系の成熟を促します。したがって、腎臓が機能不全を起こすと貧血になります。

肝臓

　図21（P.64）は消化器系の全体像です。食物に含まれる三大栄養素（炭水化物、タンパク質、脂肪）を、それぞれ、ブドウ糖、アミノ酸、脂肪酸とグリセリンに分解して消化管の上皮細胞内に取り込むことが消化・吸収ですが、このうち消化は胃と十二指腸で行われます。

　消化管内に分泌される消化液（唾液、胃液、膵液、腸液）には、表10（P.64）に示すようなさまざま消化酵素が含まれています。

　胆汁は、肝臓から分泌され、胆嚢に蓄えられて濃縮されますが、胆汁中に消化酵素は含まれていないので注意してください。アルコールは胃、水分や電解質は大腸からも吸収されますが、栄養素の吸収はおもに小腸（とくに空腸）のみで行われます。ちなみに、食道から大腸までの粘膜下にはマイスナー神経叢、その外側の筋層間にはアウエルバッハ神経叢（P.64図22）が分布して消化管運動と粘膜上皮での物質輸送を調節します。

胆汁分泌量

胆汁分泌量は0.3～1.0L/日なので、消化液分泌量の合計6.7～9.0L/日と合わせると、消化管内に流入する液量は7.0～10.0L/日に達する。これは体内血液量が4.5L前後であることを考えると大変な値といえる。

■図21 消化器系の全体像

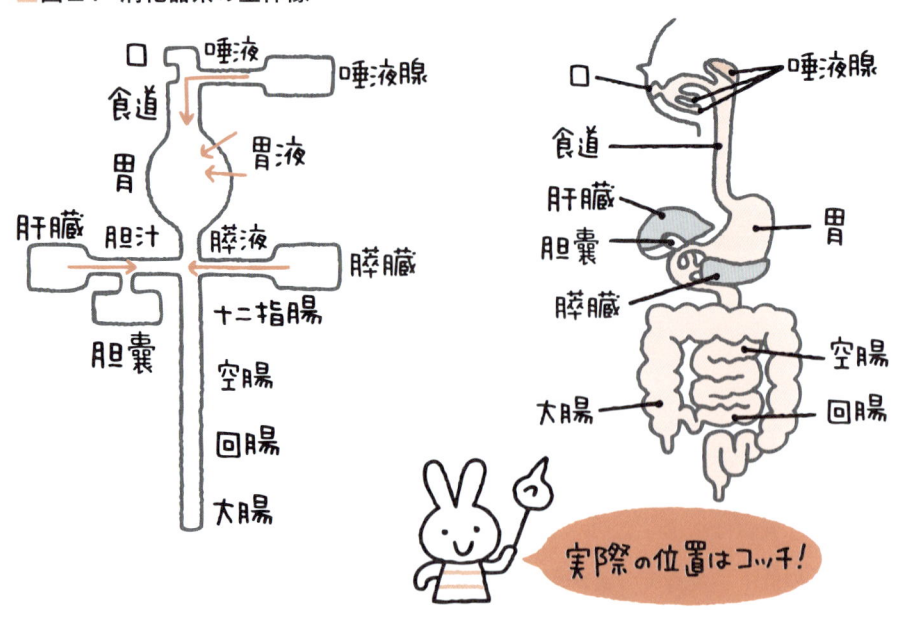

実際の位置はコッチ！

■図22 モルモット小腸のアウエルバッハ神経叢（蛍光顕微鏡写真）

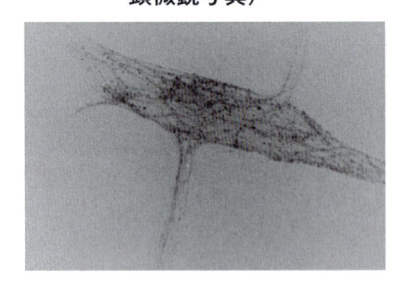

■表10 おもな消化酵素とその作用

消化液	分泌量(L/日)	おもな消化酵素	おもな作用
唾液	1.0〜1.5	アミラーゼ（プチアリン）	デンプンの分解
胃液	2.0	ペプシン	タンパク質の分解
膵液	0.7〜2.5	アミラーゼ	デンプンの分解
		リパーゼ	脂肪の分解
		トリプシン キモトリプシン	タンパク質の分解
腸液	3.0	マルターゼ	糖の分解
		スクラーゼ	糖の分解
		ペプチダーゼ	ペプチドの分解

　三大栄養素の小腸での吸収を確認しましょう。小腸上皮細胞に吸収されたアミノ酸と糖類は、門脈内を流れて肝臓に運ばれます。脂肪酸とグリセリンはリンパ管へ運ばれ、いったん体循環系に入った後で肝臓に運ばれます。

　では、肝臓は何をしているのでしょうか。肝臓は右上腹部にある人体最大の臓器（重量1.2〜1.6kg）で、吸収された栄養素を原料にして生体に必要な物質を合成する化学工場、アンモニアなどの毒物を解毒する処理工場としてはたらきます。合成された物質は肝静脈から下大静脈、心臓へと運ばれ、その後、全身に届けられるしくみです。肝臓はじつに多機能ですが、おもなはたらきを整理してみましょう（表11）。

■表11　肝臓のおもなはたらき

- 尿素の合成：オルニチン回路を使って有害なアンモニアを無害な尿素に変換する。これが解毒。尿素は腎臓から排泄する（P.62表9参照）
- 糖質代謝：グルコースからグリコーゲンを産生・貯蔵し、必要に応じてグルコースに戻し全身に供給する
- 脂質代謝：細胞膜の原料や細胞機能に必要なリン脂質やコレステロールを合成する
- タンパク代謝：アミノ酸を原料にしてタンパク質、炭水化物、脂質を合成する
- 胆汁の生成と分泌：胆汁のおもな成分は胆汁酸と胆汁色素。胆汁酸はコレステロールの代謝産物で、脂肪を乳化させることにより膵リパーゼの作用を助ける。胆汁色素は、肝臓で破壊された赤血球の代謝産物であるビリルビン（黄色の物質）が主成分。便の色はビリルビンのせい
- 熱産生：代謝熱を発生させ体温保持に貢献する
- 造血作用：ビタミンB_{12}の貯蔵
- 古い赤血球の破壊（ヘモグロビンの分解とビリルビンの生成）
- 血液凝固：プロトロンビンやフィブリノゲンなど凝固因子の産生
- 免疫作用：γグロブリン以外の免疫グロブリンの産生
- Kupffer（クッパー）細胞による異物貪食
- ホルモンの活性化や分解
- ビタミンの活性化
- ステロイドホルモンの不活性化
- 薬物の不活性化
- アルコールの分解

内分泌系のしくみ

おもなホルモン

■図23　おもな内分泌器官

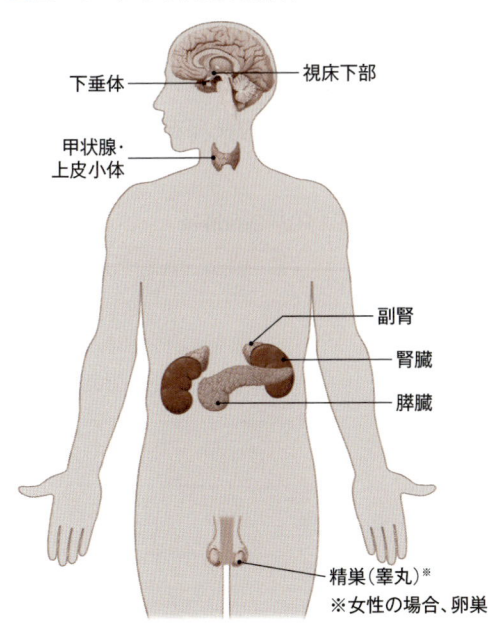

- 下垂体
- 視床下部
- 甲状腺・上皮小体
- 副腎
- 腎臓
- 膵臓
- 精巣（睾丸）※
※女性の場合、卵巣

生物5　看護に必要な生体の恒常性の話

　細胞間の情報伝達系は、神経系と内分泌系の2つに大別されます。一言でいうと、情報伝達がシナプスで行われるものが神経系、ホルモンによって血流を介して行われるものが内分泌系ですが、どちらにも内部環境の恒常性を維持するはたらきがあります。

　ホルモンの定義は、「生体細胞で産生・分泌され、微量（血中濃度＜$10\mu M$）で有効な生理的調節物質」です。おもな内分泌器官とおもなホルモンは、図23と表12（P.66）にまとめました。ホルモンの数が多いといって、頭を抱える必要はありません。まずはインスリンと甲状腺ホルモンについてしっかり復習されることをオススメします。演習問題⑩（P.66）に挑戦してみてください。最近急に痩せてしまったA子さんの病歴が書かれています。

■表12 おもなホルモン

分泌腺	ホルモン（別名、略語など）	分泌腺	ホルモン（別名、略語など）	分泌腺	ホルモン（別名、略語など）
視床下部	ACTH放出ホルモン（CRH）	甲状腺	サイロキシン（T$_4$）	膵臓	インスリン
	TSH放出ホルモン（TRH）		トリヨードサイロキシン（T$_3$）		グルカゴン
	GH放出ホルモン（GHRH）		カルシトニン（CT）	胎盤	ヒト絨毛性ゴナドトロピン（hCG）
	GH抑制ホルモン（別名：ソマトスタチン、SST）	上皮小体	パラトルモン（PTH）	松果体	メラトニン
	LH放出ホルモン（LHRH）	副腎皮質	アルドステロン	心臓	心房性Na利尿ペプチド（ANP）
下垂体前葉	副腎皮質刺激ホルモン（ACTH）		コルチゾール	腎臓	レニン
	甲状腺刺激ホルモン（TSH）	副腎髄質	アドレナリン（Ad）		エリスロポエチン
	成長ホルモン（GH）		ノルアドレナリン（NAd）	消化管	セクレチン
	プロラクチン（PRL）	精巣（睾丸）	テストステロン		ガストリン
	黄体形成ホルモン（LH）	卵巣	卵胞ホルモン（エストロゲン）		コレシストキニン（CCK）
	卵胞刺激ホルモン（FSH）		黄体ホルモン（プロゲステロン）		血管作動性小腸ペプチド（VIP）
下垂体後葉	バソプレシン（別名：抗利尿ホルモン、ADH）				P物質（別名：サブスタンスP、SP）
	オキシトシン（OT）				

確認のためもう一度トライ！　演習問題 10

典型的なホルモン異常症の病歴です。A子さんの病名は何でしょう。

主訴：体重減少と学業不振

病歴：A子さん（20歳の女子学生）は最近食欲旺盛になり太り過ぎを気にしていたら、逆に1か月で5kgも痩せてしまった。最初は嬉しかったが、イライラして勉強に集中できなくなり、夏休み前の中間試験は悲惨な結果に終わった。友だちからはせっかちになったと言われるし、病気ではないかと不安になり、母親に付き添われて学生健康相談室を受診した。

予備診察の結果：身長163cm、体重45kg、体温37.2℃、脈拍110、血圧140/40mmHg

正解はP.80をチェック！

ホルモンの合成とその調節

　ホルモンの合成について確認しておきましょう。ペプチドホルモンの合成は、DNAの遺伝情報に基づく巨大な前駆物質（プレプロホルモン）の産生から始まります。プレプロホルモンは切断されてプロホルモンに、プロ

■表13 フィードバックの種類

単純な負のフィードバック	血液成分の濃度によってホルモン分泌が直接調節される。例えば、パラトルモンは骨や腎臓に作用して血中カルシウム濃度を上昇させ、血中カルシウムの上昇は上皮小体に作用してパラトルモンの分泌を抑制する。
複雑な負のフィードバック（図24）	視床下部・下垂体前葉・副腎皮質や甲状腺では、標的内分泌系のホルモンがそれ自身の分泌を刺激する上位ホルモンの分泌を抑制する。例えば、血中コルチゾール濃度が目標値より高くなると、CRHとACTHの分泌を抑制し、血中コルチゾール濃度は目標値に向かって低下する。

■図24 複雑な負のフィードバック

ホルモンの種類

ホルモンは、化学成分によって3つに大別される。①ステロイドホルモン：ステロイド核をもつ小ルモン（例：糖質コルチコイド、鉱質コルチコイドなど）、②ペプチドホルモン：ポリペプチドでできているホルモン（例：下垂体、膵臓、副甲状腺、神経分泌細胞などでつくられるホルモン）、③その他のホルモン（例：副腎髄質のホルモン、甲状腺のホルモン）。

ホルモンはさらに切断、アセチル化、糖鎖添加、アミド化などの処理（プロセッシング）を受けてペプチドホルモンが完成するという筋書きです。

アミノ酸誘導体はチロシンを、ステロイドはコレステロールを原料として合成されます。合成され、その後血管内に分泌されたホルモンは血中を通ります。その途中で、腎臓を通過できるかできないかは大問題です。糸球体での濾過が「限外濾過」だということを思い出してください。分子量が7万以下の場合は無差別に濾過されてしまいます。ステロイドホルモン、ビタミンD、甲状腺ホルモンは血中では担体タンパク質と結合します。分子量を増大させ、腎糸球体での限外濾過を免れるという利点があります。

ホルモン分泌の調節機構は最重要課題です。ひとことでいえば、負のフィードバック調節系によって分泌量がコントロールされています（表13、図24）。

ホルモンの受容体

ホルモンは標的細胞の受容体に結合してはたらきます。ペプチドホルモン、カテコラミン、インスリンの受容体は細胞膜に、ステロイドホルモンと甲状腺ホルモンの受容体は細胞核内に存在します。はたらきはバラエティーに富み、血糖値を下げるという単純明快なものがある一方、個体の成長を調節するというじつにあいまいなものもあります。

また、甲状腺ホルモンのようにDNAの転写を誘導するものもあります。細胞膜受容体の数は受容体の合成と分解のバランスによって決まります。その結果、受容体が増加して標的細胞の反応性が増大する場合をアップ・レギュレーション、受容体が減少して反応性が減弱する場合をダウン・レギュレーションと呼びます。

内分泌系のおもなポイントについてまとめておきましょう（**表14**）。

■**表14　内分泌系のおもなポイント**

①内部環境の恒常性維持	・レニン・アンジオテンシン・アルドステロン系による血圧調節 ・バソプレシンによる尿量調節 ・カルシトニン・パラトルモン・ビタミンDによる血中カルシウム濃度の調節
②発育と成長	・成長ホルモン・サイロキシン・コルチゾール・性ホルモンによる個体の成長の調節
③エネルギー代謝	・インスリンによる血糖値低下 ・グルカゴン・コルチゾール・成長ホルモン・アドレナリン・ノルアドレナリンによる血糖値上昇
④生殖	・女性の性周期の調節 ・妊娠の維持

生殖のしくみ

生殖の種類には無性生殖と有性生殖があり、ヒトは精子と卵子が受精することによって子孫を増やす有性生殖です。有性生殖では、親の遺伝子が組み合わさって子孫ができるため、ヒトという同じ属性でも新しい組み合わせの子孫をつくることができます。

ヒトの生殖には精子と卵子が不可欠ですが、精巣内や卵巣内で精子や卵子をつくるとき減数分裂が起こります。減数分裂は特殊な分裂なので、精子や卵子をつくるときにしか起こりません。詳しくは、P.27「染色体と減数分裂」の項を参照してください。

ヒトの生殖に関する復習ポイントは、①性周期、②基礎体温、③性周期とホルモン、④妊娠、⑤分別と授乳の5つです。

性周期

ヒトの成人女性の卵巣と子宮では、約28日を1周期とする変化（性周期）が生じます。性周期を、卵巣での変化（卵巣周期、**表15**）と子宮での変化（月経周期、**表16**）に分けて整理しましょう。

■表15 卵巣周期

周期		特徴
1	卵胞期	1つの卵胞が約2週間かかって発育し、成熟卵胞（グラーフ卵胞）になります。2～3日後に成熟卵胞は卵巣表面に浮かび上がります
2	排卵期	卵巣表面に浮かび上がった卵胞は破裂し、中の卵子を腹腔内に放出します。これが排卵です
3	黄体期	卵子を放出した後の卵胞は、黄体細胞によって埋め尽くされ黄体に変化します。妊娠しなかった場合、黄体は卵巣周期の24日目ごろから萎縮・消失します。妊娠した場合、黄体はむしろ成長します。これが妊娠黄体です

■表16 月経周期

周期		特徴
1	増殖期	卵胞の成熟に伴って子宮内膜は肥厚し、分泌腺も増殖します
2	分泌期	排卵が起こって黄体が形成されると、子宮内膜の分泌活動が盛んになり、卵子が受精した場合の着床に備えます
3	月経期	受精が成立しなかった場合には、肥厚した子宮内膜は脱落し、出血が生じます。出血は3～5日持続します

基礎体温

基礎体温（早朝起床時の口腔温）は、月経周期に一致して低温期と高温期を繰り返します。

- 低温期：月経から排卵までに相当する
- 高温期：排卵から次の月経までに相当し、低温期より0.3～0.5℃高い

性周期とホルモン

性周期とホルモンについては、例題6（国試過去問）を解いてみましょう。

解いてみよう!!

例題6

図は性周期におけるホルモンの変化を示す。

基礎体温を上昇させるのはどれか。

1. ア
2. イ
3. ウ
4. エ

（第94回午後問題14）

図　月経周期における各種ホルモン値の変動

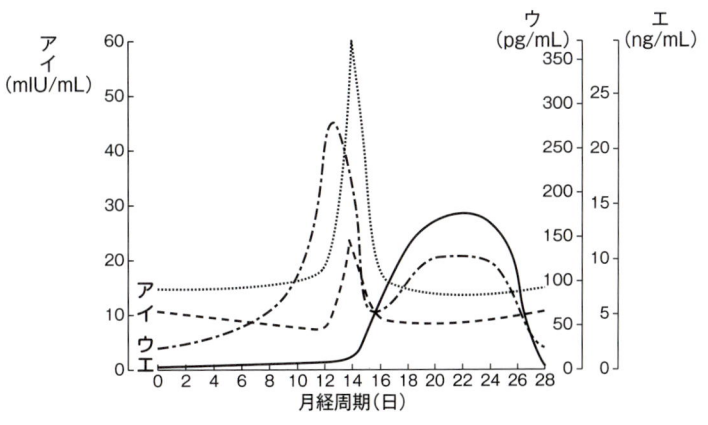

生物5　看護に必要な生体の恒常性の話

> **解答・解説**
>
> [解答] 4
>
> [解説] グラフは横軸が時間(端から端までで28日)、縦軸がホルモンの濃度という構成です。縦軸が3種類用意されているのに注意してください。排卵が14日目前後で起こり、その後、基礎体温が上昇するということは知っておく必要があるでしょう。
>
> 排卵日の付近に分泌がピークを示すのは、下垂体前葉から分泌される性腺刺激ホルモンです。つまりアとイ。2峰性の分泌を示すのは、卵巣から分泌される卵胞ホルモンのエストラジオール(エストロゲンの一種)です(ウ)。以上の3つに対して、排卵後にのみ分泌量が増えるのは、卵巣から分泌される黄体ホルモンのプロゲステロン(エ)。
>
> したがって、基礎体温を上昇させるホルモンを知っていなくても、正解がエではないかと予想することが可能です。ちなみに、アは黄体形成ホルモン(LH)、イは卵胞刺激ホルモン(FSH)です。

妊娠

ポイントの4つ目は妊娠です。腹腔内に放出された卵子は、卵管采(卵管先端のラッパ状の構造物)によって卵管内に取り込まれ、卵管内面の線毛運動によって卵管膨大部へと運ばれます。

一方、膣内に放出された精子は膣から子宮、子宮から卵管へと遡上を続け、卵管膨大部に到達します。精子の寿命は約2日、排卵後の卵子の寿命は約1日なので、排卵日前後3日しか受精の可能性はありません。受精が成立した場合、受精卵は約1週間後に着床します。受精卵が着床すると胎盤が形成されます。

分娩と授乳

ポイントの5つ目は分娩と授乳。ヒトの平均的妊娠期間は受精後270日です。これは受精前月経の初日から数えると284日に相当します。分娩は、子宮平滑筋の強力な律動的収縮によって行われます。子宮の収縮に伴って激しい痛みが生じますが、これが陣痛です。子宮平滑筋の収縮は、下垂体後葉から分泌されるオキシトシンによって調節されます。

乳汁の産生と排出には、2つのホルモンが関係します。乳腺からの分泌には下垂体前葉から分泌されるプロラクチンが、乳頭からの乳汁の射出にはオキシトシンがはたらきます。乳児による吸乳は知覚神経を介して視床下部へ伝えられ、反射的にプロラクチンとオキシトシンの分泌を促します。

体温のしくみ

体温のポイントは4つです。

①核心温の指標(直腸温、口腔温、腋窩温)
②体熱の産生
③体温調節
④体温の周期的変動

核心温の指標(直腸温、口腔温、腋窩温)

ヒトは恒温動物ですが、体内温度は体の中心部で少し高く、これを取り巻く部分で少し低いという高低差があります。前者を核心部、その温度を核心温(または深部体温)、後者を外殻部、その温度を外殻温と呼びます。

核心温の指標には直腸温、口腔温、腋窩温があります。直腸温が最も高く(安静時37.5〜38.5℃)、環境温度の影響を受けにくいとされています。腋窩は厳密には核心部ではなく、上腕を胸郭に密着させて腋窩を閉鎖した場合でも、直腸温より0.5〜1.0℃低いのが特徴です。しかし、日本では日常的に核心温の指標にされ、通常は腋窩温＝体温とされています。

体熱の産生

体温の源は体が産生する熱(体熱)です。安静時では体熱の約50％を内臓(とくに肝臓)が、約25％を骨格筋が産生します。骨格筋の熱産生量は体の運動に伴って増加し、最大で体熱産生量の75％に達します。

寒冷環境下では、全身の骨格筋が律動的に収縮して熱産生量を安静時の2〜4倍に増加させますが、これが「震え熱産生」です。甲状腺ホルモン(サイロキシン)は、全身組織の代謝を持続的に亢進させ体熱産生をアップさせます。

体温調節

体温は、視床下部の体温調節中枢によって調節されています。体温調節中枢には温ニューロンと冷ニューロンがあり、それぞれ温刺激と冷刺激に反応して興奮します。温ニューロンと冷ニューロンの興奮が釣り合う温度

生物5 看護に必要な生体の恒常性の話

をセットポイントと呼んでいます。

外部環境の温度を感知するのは皮膚にあるセンサー(温受容器、冷受容器)ですが、外部環境の温度がセットポイントを上回ると温ニューロンが興奮し、血管拡張、発汗が生じます。外部環境の温度がセットポイントを下回ると、冷ニューロンが興奮し、血管収縮と立毛(鳥肌)が生じます。

体温の周期的変動

体温には、おもに3種類の周期的変動があります。

①日内変動：午前4〜6時ごろに最低になり、午後2〜5時ごろにピークを迎えます。日差は1℃以内
②月変動：女子では月経周期に一致して体温が変動します
③食後変動：食後30〜60分間は体温が上昇します

解いてみよう!!

例題7

図は体表温、腋窩温、直腸温およびそれらの平均体温を示している。被験者は、26℃の室内から−3℃の屋外に20分間出て、再び26℃の室内にもどった。

直腸温の変化を示すグラフはどれか。

1. ア
2. イ
3. ウ
4. エ

(第91回午前問題40)

解答・解説

[解答] 1

[解説] 直腸温の特徴をおさえていれば簡単に正解できる問題です。正解はアの1。

神経のしくみ

自律神経系

　自律神経系は、交感神経系と副交感神経系の2系統からなります。内分泌系と協力しながら、生体にとって最も基本的な循環、呼吸、消化、代謝、分泌、体温、排泄、生殖などを常に調節し、恒常性の維持に貢献します。

　ただし、内臓機能の自律性調節には第3の系統、つまり腸管神経叢のはたらきが必要不可欠です（Note⑤参照）。両系統のおもな相違点を表17（P.74）にまとめました。

　3要素（節前ニューロン、節後ニューロン、効果器）から構成されるという点では、両者は完全に一致しています。交感神経は脊髄のすぐ近くにある交感神経節でシナプスを換えるのが原則ですが、神経線維の一部は神経節をバイパスして腹腔内や腸間膜にまで線維を伸ばし、神経節（上・中頸神経節、星状神経節、上・下腸間膜神経節、腹腔神経節）を形成します。

　自律神経系の最大の特徴は、「拮抗支配」です。例えば心臓。心臓機能は交感神経刺激によって促進（心拍数増加・心収縮力増強）、副交感神経刺激により抑制（心拍数減少・心収縮力低下）されます。おもな拮抗支配を表18（P.74）にまとめました。

　節後ニューロンと効果器間シナプスでは、骨格筋の神経筋接合部と異なり、節後線維が膨大部（バリコシティー、varicosity）を数珠状に形成しながら効果器細胞（おもに平滑筋）の間を走行します。伝達物質は膨大部から放出され、拡散によって平滑筋細胞膜上の受容体に結合します。交感神経系がα/β受容体、副交感神経系がムスカリン性受容体です。

> **バリコシティ（varicosity）**
> 軸索の途中にみられる膨大部。

Note 5　腸管神経系の行方

　ラングレー（Langley）は、内臓の機能を調節する神経系が不随意性でかつ自動的であることから自律神経系と名づけました。彼の定義した自律神経系は交感神経、副交感神経、腸管神経の3つから構成されていましたが、現在多くの成書は交感・副交感神経のみを自律神経として取り扱い、腸管神経系の存在があいまいなまま放置されています。
　腸管神経とは、食道から直腸までの腸管壁にあるアウエルバッハ神経叢とマイスナー神経叢を意味します。

生物5　看護に必要な生体の恒常性の話

■表17 交感神経系と副交感神経系のおもな相違点

系名	節前神経	節後線維	伝達物質1	伝達物質2	優位になる状況
交感神経系	胸髄・腰髄	長い	ACh	NAd	興奮時
副交感神経系	延髄・仙髄	短い	ACh	ACh	安静時

AChはアセチルコリン、NAdはノルアドレナリンの略称。伝達物質1は神経節のシナプスで分泌され、伝達物質2は効果器とのシナプスで分泌されます。交感神経系についての例外は汗腺です。そこでの伝達物資2はACh。

■表18 自律神経系の機能

交感神経（闘争or逃走）	臓器	副交感神経（安静状態）
散瞳	瞳孔	縮瞳
分泌抑制	涙腺	分泌促進
ネバネバした唾液分泌	唾液腺	サラサラした唾液分泌
頻脈化（β受容体）	心拍	徐脈化
運動抑制	胃腸	運動促進
収縮（α受容体）	末梢血管	拡張
収縮	立毛筋	弛緩
分泌促進	汗腺	分泌抑制
弛緩	膀胱	収縮

自律神経の薬理学

　自律神経系、とくに副交感神経系の薬理学は国試頻出です。副交感神経系節前ニューロンの軸索は支配臓器のすぐ近くまで突起を伸ばしてそこで神経節を形成し、節後ニューロンにシナプス形成します。節後ニューロンの軸索はバリコシティを数珠状に形成しながら心筋や平滑筋の近くを走行し、刺激に応じてアセチルコリン（ACh）を分泌します。筋肉表面にある受容体は、ニコチン性ではなく、ムスカリン性です。

mAChR

muscarinic ACh receptor：ムスカリン性アセチルコリン受容体。シナプスのアセチルコリン受容体のうち、ムスカリンにも応答するタンパク質である。

■図25　副交感神経と心筋の間のシナプスの模式図

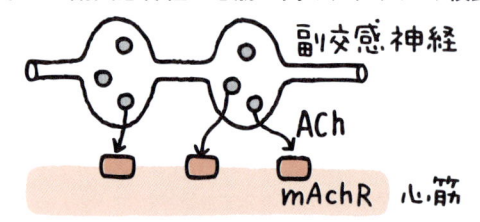

ACh受容体はニコチン性とムスカリン性に大別されます。AChは比較的単純な化合物ですが、その分子内に△の部分と◯の部分をもっていて、△の部分でニコチン性受容体に、◯の部分でムスカリン性受容体に結合すると仮定（あくまで仮定）して説明します（図26）。

ニコチン性受容体は、タバコ毒「ニコチン」とも結合できます。これはニコチンが△の部分をもっている（しかし◯の部分はもっていない）と考えれば理解できます。一方、ムスカリン性受容体は、キノコ毒「ムスカリン」とも結合できます。これはムスカリンが◯の部分をもっている（しかし△の部分はもっていない）と考えれば理解できます。

ちなみに、ニコチン性受容体とムスカリン性受容体は同じACh受容体ですが、じつは、似ても似つかない構造をしています。構造が違うということはタンパク質が違う、すなわち遺伝子が違うという意味です。もちろんはたらき方もまったく異なります。ニコチン性受容体はタバコ毒「ニコチン」によって特異的に活性化され、神経毒「クラーレ」により特異的に遮断されます（図27）。

クラーレは、南米の先住民たちがおもに植物から得て狩りに用いた種々の矢毒の総称です。なぜ狩りかというと、クラーレが獲物の神経筋接合部のニコチン性受容体を遮断し（＝骨格筋をマヒさせるため）獲物が動けなくなるからです。クラーレが神経筋伝達を遮断できる理由は、それ自体はニコチン性受容体を活性化できないのに、クラーレが受容体に結合するとその受容体にはAChが結合できないからです。要するに、クラーレによるニコチン性受容体遮断のメカニズムは「席とり競争」方式です。したが

クラーレ

医薬品としてのクラーレは現在、ブラジルやペルーに産するツズラフジ科の植物の樹皮から精製される。クラーレの別名はd-ツボクラリンで、「ツボ」は竹筒の意味なので、ツボクラリンの直訳は「竹筒クラーレ」である。この毒物の研究から筋弛緩薬など多くの医薬品が開発された。

■図26 ACh受容体

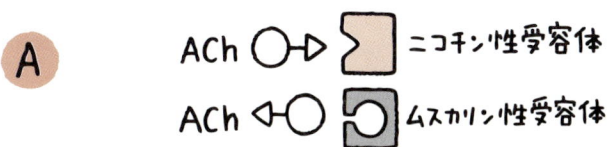

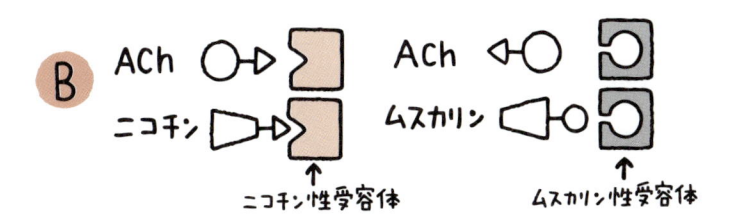

■図27 ニコチン性受容体

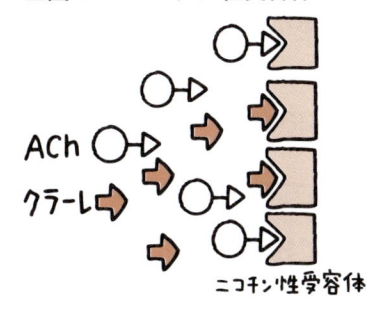

って、席とり競争と同様に「人数」が多い（＝濃度が高い）ほうが勝つ確率が高くなります。このようなメカニズムを薬理学では競合的阻害と呼びます。

ムスカリン性受容体の特徴

ベニテングダケ（学名：Amanita muscaria）は見た目は愛らしいのですが、毒キノコとして有名です。じつは神経毒「ムスカリン」の名称は、このキノコの学名に由来するのです。精製されたのは1869年。ちょうど明治維新のころです。ムスカリンによって特異的に活性化されるACh受容体がムスカリン性受容体で、医学・生物学にとって非常に重要な受容体です。以下に特徴をまとめます。

- 心筋と平滑筋に分布するが、骨格筋には分布しない
- 中枢神経系（脳・脊髄）や末梢神経系に広く分布する
- 脳内ACh受容体はおもにムスカリン性
- アトロピンやスコポラミンにより特異的に遮断される
- 不整脈、胃潰瘍、アルツハイマー病、便秘・下痢などの治療と密接に関係する

ムスカリン性受容体はキノコ毒「ムスカリン」によって特異的に活性化され、神経毒「アトロピン」により特異的に、かつ競合的に阻害されます。競合的とは、先ほど出てきたように「席とり競争方式で」という意味です。AChとアトロピンの席とり競争を模式化すると図28のようになります。両軍7人ずつが4つの席（＝受容体）を争い、2席がACh、残り2席がアトロピンで占められた状態を表現しました。アトロピンで占められた受容体は反応なし、つまり機能を発揮できません。

■図28 ムスカリン性受容体

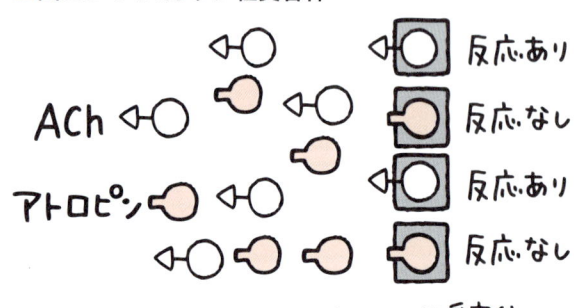

国試には、**抗コリン薬**（アトロピン硫酸塩水和物、スコポラミン臭化水素酸塩水和物）に関連した問題が出題されます。演習問題⑪はその一例です。また、抗コリン薬は広く臨床応用されています（**表19**）。

■表19 抗コリン薬の臨床応用

使用状況	一般名	おもな目的
麻酔前	アトロピン硫酸塩水和物	唾液分泌抑制、気道分泌抑制
麻酔後	アトロピン硫酸塩水和物	筋弛緩状態からの過剰回復抑制
腹痛（仙痛）	スコポラミン臭化水素酸塩水和物	消化管運動抑制による鎮痙
房室ブロック	アトロピン硫酸塩水和物	房室結節への抑制解除
消化性潰瘍	ピレンゼピン塩酸塩水和物	胃液分泌抑制
パーキンソン病	トリヘキシフェニジル塩酸塩	アセチルコリンニューロン機能の抑制
眼底検査（点眼薬）	臭化水素酸ホマトロピン	散瞳
胃透視前処置	スコポラミン臭化水素酸塩水和物	胃液分泌抑制

Note 6

身近な薬の薬理学

　神経毒「スコポラミン」の作用もアトロピンと同じですが、スコポラミンのほうが血液脳関門を通りやすいので、中枢作用がより強いという違いがあります。

　アトロピンやスコポラミンは、ベラドンナアルカロイドです。これはナス科植物に含まれるアルカロイドでベラドンナ（学名はAtropa belladonna、欧州原産）、ハシリドコロ（学名はScopolia japonica、日本原産で別名はロート）、ヒヨス（学名はHyoscyamus nigre、欧州原産）に含まれます。これらの植物はアトロピンやスコポラミンの原料となるほか、ベラドンナエキスやロートエキスなど生薬の形でも用いられます。

　薬理学ではアトロピンやスコポラミン、あるいは類似薬を抗コリン薬と呼びます。多数の抗ムスカリン様作用薬が合成されましたが、最も身近な薬はピレンゼピン（胃潰瘍治療薬）でしょう。処方箋なしに薬局で購入できます。

確認のためもう一度トライ！ 演習問題 11

問題1 麻酔前投薬で気管支粘膜からの分泌抑制を目的に使用するのはどれか。

1. モルヒネ　　2. アトロピン
3. ジアゼパム　4. ペンタゾシン

（第97回午前問題36）

問題2 緑内障で禁忌なのはどれか。

1. アトロピン　2. インスリン
3. フロセミド　4. ジゴキシン

（第98回午前問題11必修）

正解はP.81をチェック！

生物 5　看護に必要な生体の恒常性の話

演習問題 (P.11) 1

問題1

[解答] 1

[解説] 1. ○ ミトコンドリアはエネルギー産生の場でしたね。球状の小体で、二重の単位膜に包まれています。内膜は内部へくびれ込んで、クリステという櫛状構造をつくります。

2. × リボソームはダルマ型の15〜20nmの微小顆粒で、タンパク質合成の場です。

3. × ゴルジ体は複数の袋が重なった構造をしており、タンパク質に糖を付加する役割をもっています。

4. × 小胞体は一重の単位膜で、網目状に細胞質内に広がっています。細胞内で合成されたタンパク質の輸送路となっています。

5. × 核は二重の核膜に包まれた球状をしており、内部には染色体や核小体があります。染色体には、遺伝情報の担い手である遺伝子(DNA)があります。

問題2

[解答] 2

[解説] 1. × 細胞はみな同じ遺伝子をもっています。

2. ○ 本文で復習しましたね。

3. × 動物も植物もDNAの塩基は4種類です(アデニン、チミン、グアニン、シトシン)。

4. × タンパク質合成が行われるのは核内ではなく、リボソームです。

問題3

[解答] ①開始コドンとメチオニン
②終止コドン
③グリシン
④チロシン
⑤グリシン

演習問題 (P.17) 2

[解答・解説] P.16の式①〜式③を利用します。

まず式①を利用して、$\dfrac{[K]_a}{[K]_b} = \dfrac{[Cl]_b}{[Cl]_a} = \gamma$ (定数、ただし0より大)としておきます。

次に式②と式③の除法から、

$$\dfrac{[K]_a}{[K]_b} = \dfrac{[R]_a + [Cl]_a}{[Cl]_b} = \gamma$$

$$\therefore \dfrac{[R]_a + [Cl]_a}{[Cl]_b} = \gamma \quad \text{——式④}$$

$\dfrac{[Cl]_b}{[Cl]_a} = \gamma$ なので、

$$[Cl]_b = \gamma [Cl]_a$$

これを式④に代入すると、

$$\dfrac{[R]_a + [Cl]_a}{\gamma [Cl]_a} = \gamma$$

両辺にγをかけると、

$$\dfrac{[R]_a + [Cl]_a}{[Cl]_a} = \gamma^2$$

$$\therefore \dfrac{[R]_a}{[Cl]_a} + 1 = \gamma^2$$

ここで、$\dfrac{[R]_a}{[Cl]_a} > 0$ なので、$\gamma^2 > 1$

$$\therefore \gamma > 1 (\because \gamma > 0)$$

$$\therefore \dfrac{[K]_a}{[K]_b} > 1$$

$\therefore [K]_a > [K]_b$ (同時に$[Cl]_b > [Cl]_a$も成立)

演習問題 (P.19) 3

[解答] 61mV

[解説] ネルンストの式(P.18の式⑤)を利用します。代入する数値のうち、E_Kの場合と異なるのは濃度のみ。したがって、

$$E_{Na} = 0.061 \times \log\left(\dfrac{150}{15}\right)$$

$$= 0.061 \times \log 10$$

$$= 0.061 (\because \log 10 = 1) \text{ (V)}$$

$$= 61 \text{mV}$$

演習問題 (P.27) 4

問題1 [解答] 2
[解説] 精子細胞には22本の常染色体と1本の性染色体が含まれています。

問題2 [解答] 4
[解説] 1. × ヒトの常染色体は22対44本です。
2. × 女性の性染色体はXX、男性の性染色体はXYです。
3. × 性別は受精した瞬間に決定します。
4. ○ 精子は2回の分裂で形成されます。$2n$の核相をもつ1次精母細胞の減数分裂→2次精母細胞が2個できる→染色体は半分となりnの核相へ→さらに分裂し4個の精細胞へ。

演習問題 (P.30) 5

問題1 [解答] 5
[解説] 1. × 18トリソミーの特徴は、手指の屈曲拘縮、特徴的顔貌などです。
2. × クラインフェルター症候群の特徴は、無精子症や女性化乳房などです。
3. × ターナー症候群では、高身長ではなく低身長がみられます。
4. × マルファン症候群は、大動脈弁閉鎖不全症や大動脈瘤が特徴です。
5. ○ 正しいです。

問題2 [解答] 3
[解説] トリソミーとは、3本あることという意味です。ダウン症候群は21番目の常染色体が3本ある常染色体異常です。発生頻度は出生1000対1の割合で、高齢出産の場合、出生頻度が上昇します。心疾患を伴う場合があります。

演習問題 (P.36) 6

問題1 [解答] 2

問題2 [解答] 1

演習問題 (P.40) 7

問題1 [解答] 3
[解説] 腱反射に関する出題ですが、生物Ⅰレベル、あるいは本書を読みこなした後の知識レベルで正解可能な設問は1と2のみです。ちなみに2つとも正しい文章。誤っているのは3で、正しい文章にすると、「二頭筋腱反射は上腕二頭筋の腱反射である」。腱反射について復習する際の注意点は次の2つです。

●注意点1：腱反射には数種類の名称があります。
　伸張反射＝生理学的な呼び方
　腱反射＝通常は腱を叩いて刺激するから
　深部反射＝表在性反射と区別するための呼び方
　脊髄反射＝脊髄を反射中枢とするための呼び方

●注意点2：脊髄反射に関連した注意点ですが、紛らわしい名称に中脳反射と延髄反射があります。これらの反射はそれぞれ中脳や延髄が中枢です。代表的な中脳反射は瞳孔反射、代表的な延髄反射は咳、くしゃみ、嚥下、嘔吐など。

演習問題 (P.50) 8

問題1
[解答] 1、3

問題2
[解答] 1
[解説] 免疫グロブリンの性質・特徴を問う定番の問題です。レベルとしては生物Ⅰ。臨床に直結するだけでなく、問題が非常につくりやすいのでしばしば出題されます。
1. ○ 本文のとおり、IgGが唯一胎盤を通過できます。
2. 3. × 非常に難易度の高い設問ですが、3と考え合わせると答えは×。消化管免疫にはたらくのはIgAです。IgMは分子量が最も大きいのが特徴です。「モンスターのM」と覚えましょう。
4. × IgEは1型アレルギー(即時型アレルギー、アナフィラキシー)に関与します。代表的な病名はじんましんですが、じんましん患者さんの血液検査をすると確かにIgE濃度が高値を示しています。

問題3
[解答] 3
[解説] 図6(P.50)を復習した直後の例題なので難易度ゼロですが、逆説的には、それくらい図6が重要だということです。フィブリノゲンはフィブリノーゲンという表記でも出題されるので注意してください。
1. × ヘモグロビンは赤血球内にある色素で酸素を結合して運搬します。
3. × マクロファージは単球が血管外に遊走したもので、異物を貪食します。
4. × エリスロポエチンは腎臓から分泌されるホルモンで、骨髄に作用して赤血球を増産させます。

演習問題 (P.53) 9

問題1
[解答] 1
[解説] 静脈血の流れは、末梢組織→静脈→大静脈→右心房→右心室→肺動脈→肺です。よって、右心房が正解です。

問題2
[解答] 3
[解説] 正常心拍の歩調とりが洞房結節細胞で行われることは、本文で復習しましたね。

演習問題 (P.66) 10

[解答] 甲状腺機能亢進症(バセドウ病)
[解説] 病歴と症状から甲状腺機能亢進症(別名：バセドウ病)が疑われます。甲状腺機能亢進とは、「甲状腺ホルモン(別名：サイロキシン)を分泌する甲状腺の機能が亢進(分泌量が増加)する」という意味です。A子さんの場合、最近の体調不良についての問診では、下記のような症状も浮かび上がりました。下線を引いた部分はとくに重要です。

A子さんの症状

①朝起きたときに目に砂が入っているように感じる。
②丸首のシャツを着ると喉がきつい。
③非常に疲れやすい。
④しゃがむと立ち上がりにくいので、学校では洋式トイレしか利用しない。
⑤心臓はドキドキし、階段を上るとひどい動悸がする。
⑥母親によれば、家族があきれるほど冷房をきかせたがる。

診察結果

一般：	体温37.2℃、脈拍110/分、血圧140/40mmHg（圧差100）
頭部：	眼球突出（図1）、結膜充血、眼瞼腫脹、眼瞼運動が遅延
頸部：	甲状腺腫あり（図2）、圧痛なし、血管雑音あり
胸部：	第2肋間胸骨右縁に2/Ⅵ度の収縮期性雑音、前胸部拍動増強
腹部：	異常なし
皮膚：	湿潤で温かく、色素沈着なし
四肢：	肩、腰部および殿部で筋力低下
神経：	腱反射両側性にやや亢進

血液検査を実施すると、血液中のサイロキシン濃度が正常の約5倍、TSH濃度が正常の約0.1％でした。これはネガティブ・フィードバック（図3）の典型例です。

■図1 眼球突出　　■図2 甲状腺腫脹

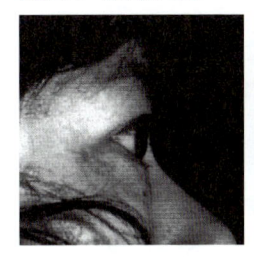

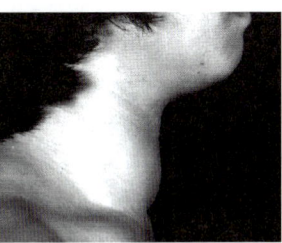

■図3 ネガティブ・フィードバック

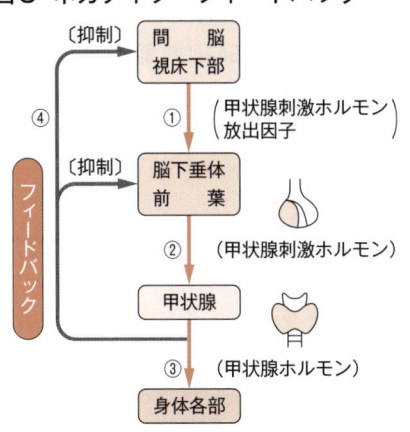

サイロキシン濃度が上昇するとTSH分泌が抑制され、サイロキシン濃度が低下するとTSH分泌が促進されます。

演習問題 (P.77) 11

問題1

[解答] 2

[解説] 麻酔に関係する薬のなかから抗コリン薬（アトロピン、スコポラミン）を選ばせる問題です。

1. × モルヒネは痛み止めですが、麻酔の導入を速やかにする効果があります。

2. ○ アトロピンを麻酔前に投与するおもな目的は、唾液や気管支粘液の分泌抑制です。窒息防止効果や術後肺炎予防効果が期待できます。胃液分泌を抑制する目的で、上部消化管内視鏡検査（いわゆる胃カメラ）の前にも使用されます。副作用は口渇や頻脈です。

3. × ジアゼパムは精神安定薬で、麻酔や手術に対する患者の不安を軽減する目的で投与されます。

4. × ペンタゾシンは非麻薬性鎮痛薬です。

問題2

[解答] 1

[解説] 眼圧が異常に高まる病態が緑内障です。原因の1つは眼房水の循環障害で、眼房水の循環を正常化する、つまり眼房水の流路を広げる目的で使用される薬がコリン作動薬のピロカルピンです。点眼薬として投与されます。

1. ○ アトロピンは抗コリン薬です。ピロカルピンとは逆に緑内障を悪化させるので禁忌です。

2. × インスリンは緑内障とは無関係です。

3. × フロセミドは利尿薬です。

4. × ジゴキシンは強心薬です。

81

生物・化学の国試対策の最重要ポイント

本書は、看護学校に入学してから専門基礎科目が始まるまでの短い期間を利用して、生物と化学のポイントを復習できるように構成していますが、国試対策という意味で最重要ポイントを整理してみます。

Point

1. モル数とは物質を構成する粒子（原子、分子、イオンなど）の数をアボガドロ数で割った数値。

2. モル質量とは物質1モル当たりの質量で単位はg/mol。

3. 気体の状態方程式は浸透圧にも応用できる。

4. 電解質水溶液の浸透圧は、濃度が同じ非電解質水溶液の浸透圧より高い。

5. 生理食塩水の浸透圧は、血液の浸透圧にほぼ等しい。

6. 水溶液のpHは水素イオン濃度によって決まる。

7. 三大栄養素とは糖質、タンパク質、脂質。

8. ATPは生体エネルギーの源。

9. 酵素は化学反応の触媒としてはたらく。

10. ビタミンには補酵素としてはたらくものがある。

11. 核酸にはDNAとRNAがある。両者ともポリペプチド鎖。

12. DNAは「相補性」を利用した二重らせん構造をしている。

13. DNAは「半保存的」に複製される。

14. タンパク質合成の暗号指令（コドン）はすべて解読されている。

15. 細胞の三大要素は細胞核、細胞質、細胞膜。

16. 細胞膜に物質輸送用のタンパク質（イオンチャネル、ポンプなど）が組み込まれている。

17. 生きている細胞は興奮する。

18. 興奮のメカニズムは平衡電位の変化で説明できる。

19. 興奮はインパルスとして細胞内を伝導する。

20. インパルスは、シナプス伝達によって隣接する細胞に伝達される。

21. 人体は、内部環境が一定に保たれるようにシステム設計されている。

看護に必要な化学

看護の現場では、さまざまな薬剤や物質を扱います。
聞き慣れない、耳慣れないそれらも、臨床現場では毎日使うことになるのです。
薬剤や物質の取り扱いには、確かな知識と技術が必要です。
知識の部分の基礎は、化学の分野のお話です。
薬剤の副作用や併用禁忌の食品の根拠も、化学の分野が基本となっています。
物質のなりたちについておさらいし、看護の勉強の根拠を深めていきましょう！

CONTENTS

- 第1章 看護×化学 なぜ看護に化学が必要なのか、その理由 ……… 84
- 第2章 看護に必要な物質の構成の話(化学編) ……… 88
- 第3章 看護に重要な物質の変化の話 ……… 106
- 第4章 看護に重要な無機化合物と有機化合物の話 ……… 112
- 第5章 私たちの生活と物質との関係 ……… 120
- 化学 演習問題の解答・解説 ……… 134

看護に必要な化学

第1章

看護×化学
なぜ看護に化学が必要なのか、その理由

　アスピリンは世界で初めて人工的に合成された医薬品です。主成分のアセチルサリチル酸——高校の化学では「有機化合物（化学Ⅰ）」と「生命と物質（化学Ⅱ）」で登場——はその脳梗塞予防効果が国試対策の最重要ポイントとされています。

　「生命と物質（化学Ⅱ）」には、国試対策という意味でも最重要な化学物質がもう1つ登場します。それがビタミンです。具体的には、ビタミン欠乏症（夜盲症や脚気など）、あるいは脳梗塞予防薬であるワルファリンカリウムの抗ビタミンK作用に関する基礎知識が問われます。

　看護に化学が必要な理由を2つ紹介しましたが、ほかにもたくさんの例があります。国試過去問では、血液のpHとそのアルカリ化（アルカローシス）あるいは酸性化（アシドーシス）など血液中の水素イオン濃度に関する出題、三大栄養素（糖、タンパク質、脂質）やビリルビンの代謝に関する出題、医薬品（塩化カリウム注射液、アスピリン、ワルファリンカリウムなど）に関する出題が目立ちます。

　そのため、本書では「化学Ⅰ・Ⅱ」から「人体」に関係の深い内容をピックアップして復習します。第2章から第4章までが前半部です。ここでは1モルや1当量の意味、電解質溶液の浸透圧、水素イオンとpHなどが最も重要です。

　第5章は、生物と関係が深い項目をカバーしています。三大栄養素、核酸（＝DNA）、ATP、ビタミンなど重要項目ばかりで、少しハードルが高いかもしれません。ここをしっかりおさえておけば、生物の勉強も随分楽になるでしょう。

　みなさんは近い将来、医薬品に囲まれた環境で働くわけですが、薬は病気の治療や診断に不可決な化学物質であると同時に、用い方によっては毒にもなります。また、抗菌薬や抗がん薬のように、細菌やがん細胞にとって致死的な猛毒を処方してヒトの病気を治すものもあります。薬には法律が定める「仕様書」が添付されていますが、看護のプロには仕様書に書かれていることが「一応わかる」程度の能力が求められる時代が目前に迫っていることを、強調しておきたいと思います。

化学に関する国試過去問

脂質代謝に関する問題

第99回 午前問題 28

脂肪分解の過剰で血中に増加するのはどれか。
1. 尿素窒素
2. ケトン体
3. アルブミン
4. アンモニア

解答・解説

[解答] 2

[解説] 飢餓状態では脂肪分解（＝β酸化）が亢進し、アセチルCoAが増産されますが、その後の産物はどれかという問題です。正解は2のケトン体（代表例はアセトン）で、血中にケトン体が蓄積する状態をケトーシスと呼びます。糖尿病のために、細胞が飢餓状態に陥ったときにもこれが起きます。1の尿素窒素と4のアンモニアはタンパク質の代謝産物、3のアルブミンはタンパク質の一種です。

ビタミンに関する問題

第102回 午前問題 23 ※必修問題

ワルファリンと拮抗作用があるのはどれか。
1. ビタミンA
2. ビタミンC
3. ビタミンD
4. ビタミンE
5. ビタミンK

解答・解説

[解答] 5

[解説] 先ほど説明したワルファリンカリウムに関する定番中の定番問題です。おもな血液凝固因子は約10種類ありますが、そのうち少なくとも4つは肝臓でつくられるときにビタミンKを必要とします。ワルファリンカリウムはビタミンKのはたらきを阻害することで血液凝固を抑制します。このような作用形式を拮抗と呼びます。

酸と塩基に関する問題

第102回 午前問題 29

酸塩基平衡の異常と原因の組合せで正しいのはどれか。
1. 代謝性アルカローシス ── 下痢
2. 代謝性アシドーシス ── 嘔吐
3. 代謝性アシドーシス ── 慢性腎不全
4. 呼吸性アシドーシス ── 過換気症候群

解答・解説

[解答] 3

[解説] 血液のpHが7.35より酸性側に傾いた状態をアシドーシス、7.45よりアルカリ側に傾いた状態をアルカローシスといいます。このうち、肺からの二酸化炭素の呼出異常などに起因するものを呼吸性、代謝の異常などに起因するものを代謝性とします。

下痢では大量の膵液が失われます。膵液はアルカリ性なので、血液のpHは酸性化します。これが代謝性アシドーシスです。嘔吐すると胃酸に含まれる塩酸が失われます。そうすると塩酸中に含まれる水素イオンが失われるため、血液のpHはアルカリ化します。これが代謝性アルカローシスです。

腎不全では尿の産生が不十分になり、酸性の代謝産物の体外への排泄能が低下するため代謝性アシドーシスになります。過換気症候群ではCO_2の過剰な排泄により、呼吸性アルカローシスになります。

化学 1　看護×化学　なぜ看護に化学が必要なのか、その理由

> これだけは覚えておこう！

化学に必要な基本の用語・物質名

化学のおさらいをはじめる前に、基本の用語・物質名についておさえておきましょう。

1 おさえておきたい用語

化学の基本となる用語です。
最低限覚えておきたい重要な用語をピックアップしました。

元素	1種類だけの原子からなる物質のことです。英語ではエレメント（element） （例）水素、炭素、窒素、酸素、ナトリウムなど
原子	元素の究極的な粒子のことです。英語ではアトム（atom） 原子 ┬ 中心……原子核 ┬ 陽　子：正の電荷をもつ 　　│　　　　　　　└ 中性子：電荷をもたない（電気的に中性） 　　└ まわり………………電　子：負の電荷をもつ 原子全体としては電気的に中性
電子殻	電子の周回軌道で、内側からK殻、L殻、M殻などがあります
価電子	最外殻の電子のことです。元素の性質を左右するので非常に重要です
周期律	元素を原子番号の順にならべると、化学的性質の似た元素が周期的に現れることをいいます
分子量	分子1モルの質量をグラム単位で表した数値のことです
アボガドロ数	6.022×10^{23}。単位は個/mol
イオン価	イオンのプラスやマイナスの数のことです。ナトリウムは1価の陽イオンです
官能基	有機化合物の性質を決めるはたらきをもつ原子団のことです

● 原子核のまわりを飛び回る電子の模式図

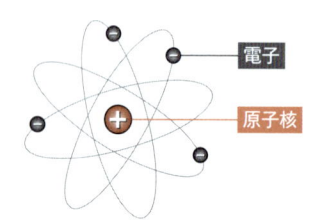

電子／原子核

● 原子核の大きさ

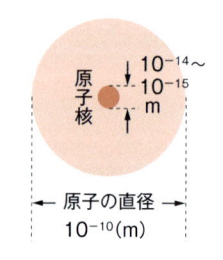

原子核 10^{-14}〜10^{-15} m
原子の直径 10^{-10} (m)

● 窒素原子の表記法

質量数 14
原子番号 7　N
　　　　　　原子記号

② 基本となる物質名

本書で重要な物質名です。
化学の分野で頻出のものばかりなのでおさえておきましょう。

有機化合物、無機化合物	● 炭素を含む化合物を有機化合物、炭素以外の元素からなる化合物を無機化合物といいます
炭化水素	● 炭素と水素だけからなる有機化合物のことです
アルコール	● 炭化水素の水素原子をヒドロキシ基で置換したものです ● アルコールは1分子中に含まれる−OHの数により、1価アルコール、2価アルコール、3価アルコールに分けられます ● アルコールは沸点（液体の蒸気圧が外気に等しくなるときの温度）が高く、分子量の小さいものは水に容易に溶けます。中性です
グリセリン	● 示性式$C_3H_5(OH)_3$で表される3価アルコールです
糖質	● グルコースなどの単糖類とデンプンなどの多糖類の総称で、別名は炭水化物といいます
アミノ酸	● アミノ基とカルボキシル基をもつ化合物のことです ● アミノ酸は、酸と塩基の両方の性質を示す両性化合物です
タンパク質	● 多数のアミノ酸がペプチド結合で連結した高分子化合物です ● タンパク質の変性：タンパク質に熱や酸、塩基、有機溶媒、重金属イオンなどを加えると凝縮することです。通常は、不可逆性（再び元に戻らない）です
単純脂質、複合脂質	● グリセリンに3分子の脂肪酸が結合したものです ● 脂肪は、単純脂質（脂肪酸とアルコールのみで構成されている）と複合脂質（脂肪酸、アルコール以外に、リン糖や糖類、タンパク質などから構成される）に分けられます
核酸	● DNA（デオキシリボ核酸）とRNA（リボ核酸）のことです ● 核酸は高分子化合物で、遺伝情報の担い手です

化学1 看護×化学 なぜ看護に化学が必要なのか、その理由

看護に必要な 化学　第2章

看護に必要な物質の構成の話（化学編）

生体を中心とした物質のなりたちについては、
生物の第2章でおさらいしました。
ここでは私たちの身のまわりの物質のなりたちについて復習します。

さまざまな物質の構成

元素と原子

　塩化ナトリウム水溶液は、水に塩化ナトリウムを溶かしてつくります。例えば「0.9％塩化ナトリウム水溶液を1000mLつくる」場合には、塩化ナトリウム9gを水に投入し、よくかき混ぜ、最後に全体量を1000mLに調整します。この水溶液は「生理食塩水」と呼ばれ、看護師にとって最も身近な医薬品の1つです。

　さて、塩化ナトリウムは2つの原子（ナトリウムと塩素）から構成されています。このように2種類の原子が結合した物質を分子と呼びます。これを元素記号（または原子記号）という一種の符丁で表したものが「NaCl」です。「Na」はナトリウム（英語はsodium、ドイツ語はNatrium、ラテン語はnatrium）を、「Cl」は塩素（英語はchlorine、ドイツ語はChlor、ラテン語はchlorium）を意味します。

　表1は人体を構成する4大元素の元素記号、表2はそれらにナトリウムと塩素を加えた6元素の原子番号と陽子数、電子数、質量数、中性子数をまとめたものです。これらは、以下の関係が成り立っています。

> ①原子番号＝陽子数＝電子数
> ②質量数＝原子番号＋中性子数

Note 1 元素と原子

汎用の医学大辞典で元素と原子を調べてみると、
- 元素とは1種類だけの原子からなる物質、すなわち固有原子番号をもつもの
- 原子とは元素の究極的な粒子

と書かれています。「ナルホド」と思われますか？ それとも「何じゃこりゃ」と思われますか？ ちなみに、英語では元素はエレメント（element）、原子はアトム（atom）です。

電子殻

電子は原子核のまわりをグルグル回っています。原子核が太陽だとすれば、電子は太陽系惑星群（内側から順に、水星、金星、地球、火星、木星、土星、天王星、海王星）に相当するでしょう。これらの電子は原子核のまわりを電子殻に従って周回します。

電子殻とは惑星軌道のようなもの、と考えれば理解しやすいでしょう。電子殻は内側から（原子核から近い）順に、K殻、L殻、M殻、N殻などと呼ばれます。アルファベット順なので、暗記する必要はまったくありません。

それぞれの電子殻を回ることができる電子の最大数（これを最大収容電子数と呼びます）は決まっています。K殻から順に2個、8個、18個と増えていって、N殻では32個。これは数学でいう数列です。殻の順番をnとすれば、

$$最大収容電子数 = 2n^2$$

という具合です。

■表1 元素記号（別名は原子記号）

和名	記号	ラテン語	英語
水素	H	hydrogenium	hydrogen
酸素	O	oxygenium	oxygen
炭素	C	carboneum	carbon
窒素	N	nitrogenium	nitrogen

■表2 原子の原子番号と中性子数の関係

原子	原子番号	陽子数	電子数	質量数	中性子数
H	1	1	1	1	0
O	8	8	8	16	8
C	6	6	6	12	6
N	7	7	7	14	7
Na	11	11	11	23	12
Cl	17	17	17	35	18

化学2 看護に必要な物質の構成の話（化学編）

電子殻は、まずK殻から満席（閉殻といいます）になっていきます。電子殻は閉殻状態になると安定します。例えば電子の数が3個の原子（＝原子番号3のリチウム）では、2個がK殻に入り、3個目がL殻に入ります（**表3**）。K殻に1個でL殻に2個とか、3個ともL殻などという状況は生まれません。ただし、M殻とそれより外側の電子殻では、1つの電子殻が満席になる前に次の電子殻に電子が配置される場合もあります。

最外殻の電子はエネルギーが高く、原子同士が結合したり、化合物をつくったりするときに重要なはたらきをします。このような最外殻の電子を価電子と呼びます。この価電子の数が元素の性質を左右します。

希ガスとその電子配置

ヘリウムHe、ネオンNe、アルゴンAr、クリプトンKrなどは医療にとって非常に重要な元素です。空気中にごくわずかしか存在しないので希なガス（＝希ガス、rare gas）、あるいは貴重なガス（＝貴ガス、noble gas）と呼ばれますが、電子配置に特徴があります（**表4**）。重要ポイントは3つです。

■表3　電子配置

元素		H	He	Li	Be	B	C	N	O	F	Ne	Na	Mg	Al	Si	P	S	Cl	Ar
原子番号		1	2	3	4	5	6	7	8	9	10	11	12	13	14	15	16	17	18
電子殻	K	1	2	2	2	2	2	2	2	2	2	2	2	2	2	2	2	2	2
	L			1	2	3	4	5	6	7	8	8	8	8	8	8	8	8	8
	M											1	2	3	4	5	6	7	8

原子番号1から18までの元素分のまとめ。太字は価電子数を意味します。

■表4　希ガスの価電子

元素		He	Ne	Ar	Kr	Xe	Rn
原子番号		2	10	18	36	54	86
電子殻	K	2	2	2	2	2	2
	L		8	8	8	8	8
	M			8	18	18	18
	N				8	18	32
	O					8	18
	P						8

※Xe：キセノン、Rn：ラドン

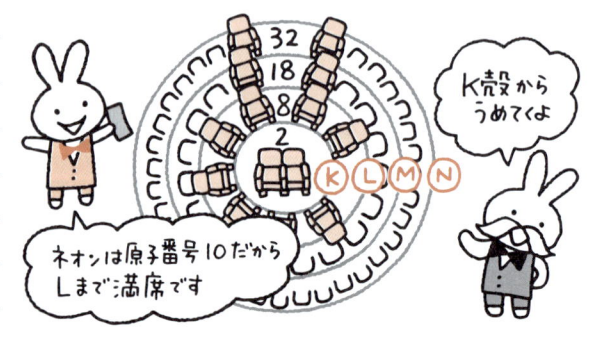

- ヘリウムのK殻は満席
- ネオンのL殻も満席ということは、最外殻の電子数は8個
- アルゴンからラドンまでも最外殻の電子数が8個

　希ガスの最外殻の電子は、ほかの原子と結合したり、化学変化に関係しないので価電子の数は0とします。つまり、希ガスは原子の状態で安定に存在します。

周期律と周期律表

　表5は周期律表（一部）です。このような表のプロトタイプが作成されたのは日本の明治維新期にあたる1870年ごろ……ちなみに、アメリカでは南北戦争が終わり、ヨーロッパではナポレオンが活躍中の時代です。つくったのはロシアの化学者、ドミトリー・メンデレーエフ（1834～1907）です。

　元素を原子番号の順に並べると価電子数が周期的に変化し、価電子数が原子の化学的性質を大きく左右するので、化学的性質の似た元素が周期的に現れることになります。この規則性を元素の周期律といい、周期律を表にしたものが周期律表（周期表ともいう）です。

周期律表の読み方

　表の読み方について簡単に復習します。ただし、表5はあくまで抜粋です。すべての元素を網羅した正規の周期律表は、巻末に収録しました（P.136）。

■表5　周期律表（3～11族は割愛）

	1族	2族	12族	13族	14族	15族	16族	17族	18族
1周期	H								He
2周期	Li	Be		B	C	N	O	F	Ne
3周期	Na	Mg		Al	Si	P	S	Cl	Ar
4周期	K	Ca	Zn	Ga	Ge	As	Se	Br	Kr
5周期	Rb	Sr	Cd	In	Sn	Sb	Te	I	Xe
6周期	Cs	Ba	Hg	Tl	Pb	Bi	Po	At	Rn

■：アルカリ金属
■：アルカリ土類金属
■：ハロゲン
■：希ガス

- 周期とは表の横列です。上から順に第1周期、第2周期と進み、第7周期まであります。周期の番号は電子殻の数を意味します
- 族とは表の縦列です。左端が1族、右端が18族
- 典型元素は1～2族と12～18族。族番号の1桁の数字が、18族を除き、価電子数と一致します。原子番号が1つ増すと価電子の数が1つ増す、つまり、元素の性質が周期的に変化します。これが周期律です。18族は希ガスが族し、価電子数は0
- 遷移元素は3～11族（表5では割愛しました）
- 金属元素は価電子数が少ないので、電子を放出しやすい性質があります。電子を放出すると原子はプラスを帯びるので、この性質が強いほど陽性が強いと表現します。アルカリ金属は陽性が強く、原子番号の大きいものはとくに強いことがわかっています
- 非金属元素は金属元素以外の元素で、すべてが典型元素。水素と18族（希ガス）を除き、価電子数が多いのでほかの原子から電子を受け取りやすい性質があります。電子を受け取ると原子はマイナスを帯びるので、この性質が強いほど陰性が強いと表現します。17族（ハロゲン）は強い陰性を示します
- 同じ族の元素はお互いに性質が似ているので同族元素と呼びます。類似性がとくに強い同族元素が4つあります。アルカリ金属（1族の2～6周期）、アルカリ土類金属（2族の4～6周期）、ハロゲン（17族）、および希ガス（18族）です

確認のためもう一度トライ！　**演習問題 1**

ナトリウム、マグネシウム、アルミニウム、イオウ、塩素、ヨウ素のなかで電子2個を得て2価の陰イオンになる元素はどれか。

正解は P.134 をチェック！

イオン

正の電荷をもつイオンを陽イオン（英語ではカチオン、cation）といいます。ナトリウムイオンを考えてみましょう。ナトリウムNaは原子番号が11なので、電子の総数は11個、価電子は1個です（P.90表3）。ナトリウム原

子はこの1個の電子を放出すると、希ガスの元素ネオン（原子番号10）と同じ電子配列になることができます（**図1**）。そのときの陽子数は11個、電子数は10個なので、1＋の電荷が残る計算です。電荷とその数をNaの右上に書いてNa$^+$と表すのが約束でしたね。これが**イオン式**の書き方です。

今度は塩化物イオンを考えます。塩素Clは原子番号が17なので、電子の総数も17個です。価電子は7個、つまり、安定した電子配置になるには、あと1つ不足した状態です。もし電子を1つ受け取って－1に荷電すると、アルゴン（原子番号18）と同じ電子配列になることができます。これをNa$^+$の場合にならい、Cl$^-$と表します。ちなみに、陰イオンは英語ではアニオン（anion）です。

■ **図1　イオンの電子配置**

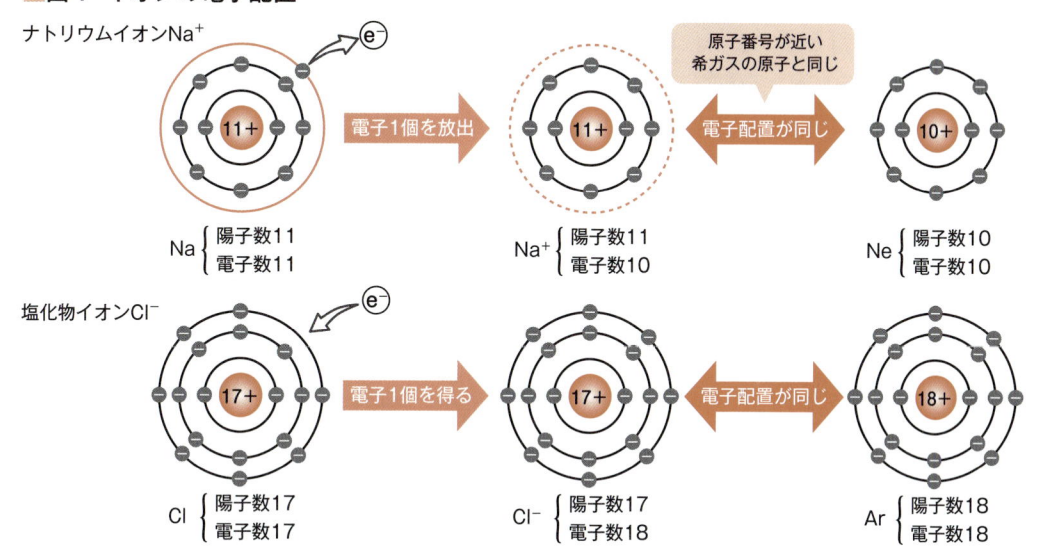

ナトリウムイオンNa$^+$

Na { 陽子数11 / 電子数11 }　電子1個を放出　→　Na$^+$ { 陽子数11 / 電子数10 }　←電子配置が同じ→　Ne { 陽子数10 / 電子数10 }

原子番号が近い希ガスの原子と同じ

塩化物イオンCl$^-$

Cl { 陽子数17 / 電子数17 }　電子1個を得る　→　Cl$^-$ { 陽子数17 / 電子数18 }　←電子配置が同じ→　Ar { 陽子数18 / 電子数18 }

戸嶋直樹, 瀬川浩司 編：シグマベスト　理解しやすい化学Ⅰ・Ⅱ　改訂版. 文英堂, 東京, 2008：33図33を参考にして作成

イオン結合

ナトリウム原子と塩素原子が接近すると、ナトリウム原子の価電子が塩素原子に移動します。それぞれがイオン化するわけですが、このイオン化した状態がナトリウム原子にとっても塩素原子にとっても安定状態なのです。当然、2つのイオンはお互いに引き合います。これが**イオン結合**です。つまり、イオン結合とは**陽イオンと陰イオンとの静電気力による結合**で、あとで復習する共有結合（原子どうしが電子を共有して生じる結合）との相違点です。

表6は代表的なイオンです。硝酸イオンのようにイオウ原子1個と酸素原子4個が結合し、全体として2＋の電荷をもつようなタイプのイオン（これを多原子イオンと呼びます）も多数あります。プラスやマイナスの数がイオン価（valence）です。なお、水に溶けて陽イオンと陰イオンを生じる物質が電解質です。ヒトの血液中の3大電解質はナトリウム、カリウム、塩素です。

一般に、原子から電子を取り去って陽イオンにするために必要なエネルギーをイオン化エネルギーと呼びます。イオン化エネルギーが小さい原子ほど、原子から電子が離れやすいわけですが、これが周期律の項で登場した「金属原子の陽性度」です（P.92参照）。つまり、イオン化エネルギーが小さいほど陽性度が強いということです。

また、原子が電子を受け取って陰イオンになるときに受け取るエネルギーを「電子親和力」と呼びます。親和力が大きい原子ほど電子を受け取りやすいわけですが、これが先ほどの陽性度の逆、つまり「非金属原子の陰性度」です。

■表6 代表的なイオン

陽イオン

名称	イオン式
ナトリウムイオン	Na^+
カリウムイオン	K^+
カルシウムイオン	Ca^{2+}
アンモニウムイオン*	NH_4^+
鉄Ⅱイオン	Fe^{2+}
鉄Ⅲイオン	Fe^{3+}

陰イオン

名称	イオン式
塩化物イオン	Cl^-
水酸化物イオン*	OH^-
硫酸イオン*	SO_4^{2-}
炭酸イオン*	CO_3^{2-}
硝酸イオン*	NO_3^-
酢酸イオン	CH_3COO^-

＊多原子イオン

分子と共有結合

空気中には窒素、酸素、二酸化炭素などの気体（ガス）が混在していますが、これらの気体の最小単位は複数の原子が結びついた分子です。

ここで酸素分子に注目します。酸素原子の価電子が6個だったことを思い出してください（P.90表3）。L殻を満席にしてネオンNeのように安定するためには、電子が2個足りません。そこで登場するのが共有結合です。具体的には、2個の酸素原子がそれぞれ2個の価電子を提供し、合計4個の電子を共有します（**図2**）。窒素分子の場合も同様です。L殻を満席にす

■図2 酸素分子の形成と共有結合

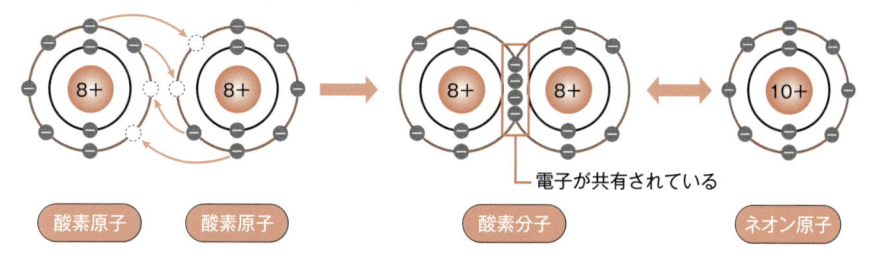

酸素原子　酸素原子　　酸素分子　　　　ネオン原子

電子が共有されている

戸嶋直樹, 瀬川浩司 編：シグマベスト　理解しやすい化学Ⅰ・Ⅱ　改訂版, 文英堂, 東京, 2008：38図40より引用

■表7　原子価

	炭素	窒素	酸素	フッ素
原子番号	6	7	8	9
周期律表の族	14	15	16	17
価電子数	4	5	6	7
原子価	4	3	2	1

■表8　おもな分子の分子式と構造式

	分子式	構造式
水素	H_2	H−H
窒素	N_2	N≡N
酸素	O_2	O=O
フッ素	F_2	F−F
二酸化炭素	CO_2	O=C=O
メタン	CH_4	H−C−H (H上下)
アンモニア	NH_3	H−N−H (H下)
水	H_2O	H−O−H
フッ化水素	HF	H−F

共有結合の種類

共有結合は、原子間の共有結合を何本の価標で表すかによって次のように分類される。
- 単結合(−)：1本の価標で表される共有結合→共有されている電子は2個(1対)
- 二重結合(=)：2本の価標で表される共有結合→共有されている電子は4個(2対)
- 三重結合(≡)：3本の価標で表される共有結合→共有されている電子は6個(3対)

るには電子が3個足らないので、2個の窒素原子がそれぞれ3個の価電子を提供し、合計6個の電子を共有します。

共有結合に用いられる電子の数を原子価と呼びます(表7)。分子を構成する原子の種類と数を表した化学式が分子式です。これに対して、共有結合で共有されている1対の電子を1本の線(これを「価標」と呼びます)で示した式が構造式です。構造式では各電子から出る価標の数は原子価と同数になります。おもな分子の分子式と構造式を表8にまとめました。

金属と金属結合

金属原子の価電子は原子から離れやすい性質があります。このため、特定の原子の間だけに固定されず、金属内を自由に移動することができます。このような電子を自由電子、自由電子を共有するような結合を金属結合と呼びます。

以上、3種類の結合（イオン結合、共有結合、金属結合）を復習しましたが、**図3**は物質の構成粒子と結合様式によって分類した総まとめです。

■ 図3　結合のまとめ

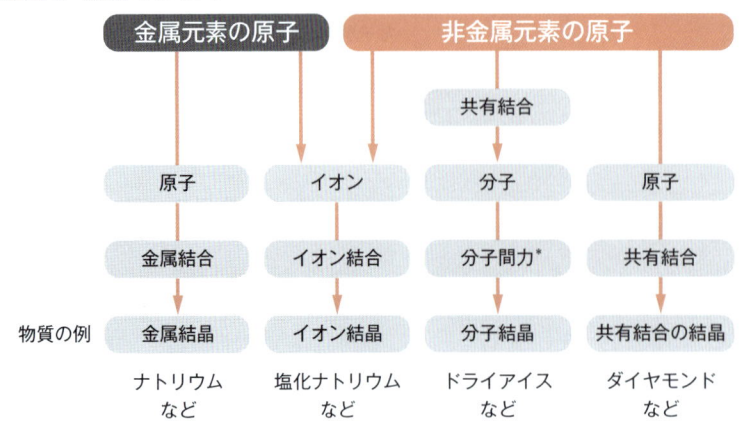

```
        金属元素の原子              非金属元素の原子
              │         │            │
              │         │         共有結合
              ↓         ↓            ↓         ↓
            原子       イオン        分子       原子
              ↓         ↓            ↓         ↓
           金属結合   イオン結合    分子間力*   共有結合
              ↓         ↓            ↓         ↓
物質の例   金属結晶   イオン結晶    分子結晶   共有結合の結晶

          ナトリウム 塩化ナトリウム ドライアイス ダイヤモンド
            など       など          など        など
```

＊分子間力とは「ファンデルワールス力」とも呼ばれ、分子間にはたらく弱い力のことです。

物質量と化学反応

原子量と分子量

原子1個の質量はあまりにも小さいので、原子は**アボガドロ数（6.02×10^{23}）個分を1単位**として取り扱う約束です。12個を1ダース、12ダース（$12 \times 12 = 144$）を1グロスとして取り扱うのと似ています。

この1単位を**モル**（略称はmol、正式の略称はmolですが、Mという略称も多用されます）といいます。原子1モルの質量をグラム単位で表した数値がその原子の**原子量**です。原子量を暗記する必要はまったくありません。周期律表を見ればすむことです。ただ、**表9**にまとめた5種類の原子量（と

■ 表9　重要元素の原子量

元素	原子番号	原子量 整数値	原子量 詳細値
H	1	1	1.008
C	6	12	12.01
O	8	16	16.00
Na	11	23	22.99
Cl	17	35	35.45

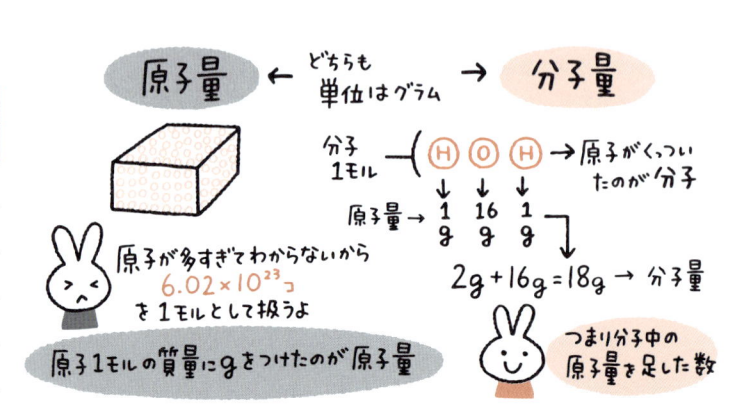

原子量 ← どちらも単位はグラム → 分子量

原子が多すぎてわからないから 6.02×10^{23} 個を1モルとして扱うよ

原子1モルの質量にgをつけたのが原子量

分子1モル { H O H } → 原子がくっついたのが分子
原子量 → 1g 16g 1g
$2g + 16g = 18g$ → 分子量

つまり分子中の原子量を足した数

くに小数点第1位を四捨五入した整数値）は覚えておくと何かと便利です。

分子1モルの質量をグラム単位で表した数値が、その分子の**分子量**です。

解いてみよう!!

例題1

問題1 ブドウ糖（$C_6H_{12}O_6$）の分子量はいくらか。炭素C、水素H、酸素Oの原子量はそれぞれ12.01、1.01、16.00とする。

問題2 塩化ナトリウムの分子量はいくらか。

解答・解説

問題1

[解答] 180.18（g）

[解説] 分子量＝分子を構成する元素の原子量の総和────式①

を使って計算します。

　　　分子量＝（炭素の原子量×6）＋（水素の原子量×12）＋（酸素の原子量×6）
　　　　　　＝（12.01×6）＋（1.01×12）＋（16.00×6）
　　　　　　＝72.06＋12.12＋96.00
　　　　　　＝180.18

問題2

[解答] 58.44（g）

[解説] 高校の化学の教科書には「塩化ナトリウムは一定の数の原子から構成された物質ではないので、分子ではない」と書かれています。イオン結合したほかの物質についても同様で、このような物質には分子量はあり得ないということです。高校の化学の教科書には分子量の代わりに**組成式量**（または**式量**：物質を構成する原子の最も簡単な整数比の数値を使った式を組成式といい、組成式量とは組成式中の原子量の総和）を使うように書かれていますが、塩化ナトリウムを分子として計算した分子量と塩化ナトリウムの組成式量は同じ数値です。したがって、ここでは塩化ナトリウムを分子として取り扱います。

　分子量は問題1の式①を使って計算します。塩化ナトリウムに当てはめると、ナトリウムの原子量と塩素の原子量の和です。ナトリウムの原子量と塩素の原子量は表9に抜粋しています。これらを式①に代入すると、

　　　塩化ナトリウムの分子量＝ナトリウムの原子量＋塩素の原子量
　　　　　　　　　　　　　　＝22.99＋35.45
　　　　　　　　　　　　　　＝58.44

当量とモル質量

図4は10%塩化ナトリウム注射液のアンプルです。

■図4 10%塩化ナトリウム注射液

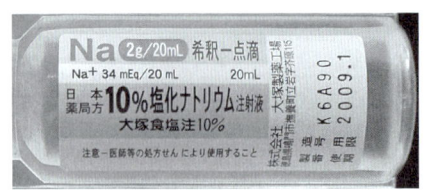

生理食塩水と同様、看護師にとって最も身近な医薬品の1つですが、アンプルラベルをよく見ると、1段には塩化ナトリウムの濃度(2g/20mL)、2段目にはアンプル内の塩化ナトリウム量(34mEq)が記載されています。このmEqという単位は「ミリエクイバレント」「ミリイーキュー」(またはメック)と発音しますが、意味はミリ当量、つまり、当量(equivalent、通常はEqと略します)の1000分の1です。

一般に、物質を構成する粒子(原子、分子、イオンなど)の数をアボガドロ数($= 6.02 \times 10^{23}$)でわった数値をモル数と呼びます。いいかえれば、アボガドロ数個分の粒子群を1モル(mol)の物質として取り扱うということ。

ここでモル質量(molecular weight、略語はMW)という考え方が登場します。モル質量は物質1モル当たりの質量で単位はg/mol。例えば塩化ナトリウムの場合、分子量にg/molをつけた58.44g/molがモル質量です。

塩化ナトリウムの分子量は58.4g(正確には58.44g)です。ナトリウムも塩素も1価イオンなので、1モル＝1Eq。したがって、その当量を求める式は、

$$58.4 \times 当量 = 2$$

です。よって、

$$当量 = \frac{2}{58.4}$$
$$= 0.0342466\cdots\cdots (単位はEq)$$
$$\fallingdotseq 34.2 (単位はmEq)$$

と計算できました。つまり、ラベルの数値と一致したということです。

> **mEq（ミリエクイバレント）**
>
> mEq（ミリ当量）とは血清電解質を測定するときに用いられる単位で、メックと発音しても通用する。電解質の当量、モル質量、イオン価の間には、「当量＝モル質量÷イオン価」の関係が成り立つ。したがって、イオン価が1の電解質(例えばNa)では1当量＝1モルだが、イオン価が2の電解質(例えばCa)では1当量＝0.5モルである。

確認のためもう一度トライ！ 演習問題 2

メイロン®静注8.4%(メイロン®注)1mL中に含まれている炭酸水素ナトリウム(別名：重曹)の当量はいくらか。

正解は P.134 をチェック！

溶液の濃度

溶液の濃度は国試頻出のテーマなので、重要ポイントを含めてもう一度復習しましょう。

濃度とは、溶液中の溶質の量を表現する指標で、大きく分けて2種類の表現方法があります。

最初の方法はモル濃度（mol/L）で、電解質溶液で多用されます。一般式は、

$$モル濃度(mol/L) = \frac{溶質の物質量(mol)}{溶液の体積(L)}$$

もう1つの方法が「○%○○液」という表示方法で、非電解質液で多用されます。例えば5%ブドウ糖液。日本薬局方には、5%ブドウ糖液とは「ブドウ糖5.0w/v%含有したブドウ糖液」だと記載されています。ここで、wは重量(weight)、vは容量(volume)を意味します。

ところで、w/v%があるということは、w/w%もv/v%もあるということ。例えば0.9%カデックス®軟膏（褥瘡治療用軟膏）は軟膏1g中に9mgのヨウ素を含んでいます。正式に表示すると0.9w/w%です。70%アルコール（消毒用アルコール）の70%は正式には70v/v%です。アルコール液の希釈については例題（国試過去問）を解いてみましょう。

解いてみよう!!

例題2

問題1 5%ブドウ糖液のモル濃度はいくらか。

問題2 生理食塩水の使用説明書を読むと「生理食塩水には154mEq/Lの塩化ナトリウムが含まれている」と書かれている。生理食塩水500mL中には何gの塩化ナトリウムが含まれているか。

問題3 70%アルコール100mLに水を加えて50%アルコールをつくりたい。必要な水量はいくらか。

解答・解説

問題1

[解答] 278mM/L

[解説] モル濃度の一般式は、

$$モル濃度(mol/L) = \frac{溶質の物質量(M)}{溶液の体積(L)} \quad ——式①$$

です。では、5%ブドウ糖液のモル濃度を計算してみ

ましょう。まずブドウ糖の物質量(M)を計算します。

$$物質量(M) = \frac{ブドウ糖量(g)}{ブドウ糖のモル質量(g/M)} \quad\text{―― 式②}$$

ブドウ糖量は、5%液100mL中に5gなので1L（＝1000mL）だと50g。ブドウ糖のモル質量は180.18g/mol。これらを式②に代入すると、

$$物質量(M) = \frac{50g}{180.18g/mol}$$

$$\fallingdotseq 0.278 mol$$

$$= 278 mM$$

∴5%ブドウ糖液のモル濃度＝278mM/L（注：ミリモルのときはmolではなくMを使います）

問題2

[解答] 4.49988g

[解説] 塩化ナトリウムの1当量は58.44gなので、答えをAとすると、次の基本式が成り立ちます。

$$\frac{A}{58.44} = 0.154 \times 0.5 \quad\text{―― 式③}$$

したがって、

$$A = 58.44 \times 0.154 \times 0.5 = 4.49988（単位はg）$$

生理食塩水500mL中には約4.5gの塩化ナトリウムが含まれているので、1000mLでは9g。これを0.9%——正式には0.9w/v%の食塩濃度と表現します。したがって、生理食塩水の食塩濃度には2通りの表現方法があることになります。

> ①154mEq/L
> ②0.9%（正式には0.9w/v%）

ちなみに、10%ブドウ糖液1L中に含まれるブドウ糖（＝100g）を当量で表示すると、1当量が180gなので、555.5mEqです。したがって、10%ブドウ糖液中のブドウ糖濃度は約556mEq/L。

問題3

[解答] 40mL

[解説] 一般的にA%アルコール100mLは100%アルコールAmLと水BmL（ただし$A+B=100$）の混合液です。したがって、A値と希釈に必要な水量、希釈後のアルコール濃度（これをCとします）の間には次の関係が成立します。

$$\frac{A}{(A+B+必要な水量)} = \frac{C}{100}$$

$$\therefore \frac{A}{(100+必要な水量)} = \frac{C}{100} \quad(\because A+B=100)$$

$$\therefore 100 + 必要な水量 = \frac{A}{C \div 100}$$

$$\therefore 必要な水量 = \frac{A}{C \div 100} - 100$$

$$= \frac{100A}{C} - 100$$

$$= \frac{(100A - 100C)}{C}$$

$$= \frac{100(A-C)}{C}$$

……ここで、$A - C$値は希釈前後のアルコール濃度の差

$$= \frac{(希釈前後のアルコール濃度の差)}{希釈後のアルコール濃度} \times 100$$

$$\text{―― 式④}$$

式④に必要な数値を代入すると、

$$\frac{70-50}{50} \times 100 = \frac{20}{50} \times 100 = \frac{2}{5} \times 100 = 40$$

となり、必要な水量＝40mLが得られます。

確認のためもう一度トライ！　演習問題 3

塩化カルシウムを20g水に溶かして1Lの水溶液を作成した。この液の濃度を当量(mEq/L)で示せ。

正解はP.134をチェック！

液体の蒸発と蒸気圧

　水素を空気中で燃やすと酸素と反応して水が生じ、水を電気分解すると水素と酸素が発生します。このような変化が化学変化です。これに対して物質の状態が変わるだけの場合を物理変化と呼びます。例えば、水は常温常圧では液体ですが、0℃以下では氷（固体）になり、100℃以上では水蒸気（気体）に変化します。

　変化の名称ですが、固体から液体への状態変化が融解、その逆を凝固、液体から気体への状態変化を蒸発（または気化）、その逆を凝縮（または液化）と呼ぶ約束です（図5）。昇華は固体から直接気体へ、気体から直接固体への変化を意味します。代表例としてはドライアイス（二酸化炭素の固体）や防虫剤（例えばナフタリン）のガス化が挙げられます。

　液体が蒸発すると蒸気圧が生まれます。単位はパスカル（Pa）です。蒸気圧は液体の種類と温度によって異なり、それぞれに応じて一定の値を示しますが、表10（P.102）と図6（P.102）は水の場合の実験結果です。水の蒸気圧、つまり水蒸気圧も温度が高くなると上昇し、100℃で約1気圧（＝1013hPa）に達することを示しています。水蒸気圧が大気圧と等しくなると、水の内部からも蒸気（気泡）が発生し、水は激しく蒸発し始めます。これが沸騰で、そのときの温度が沸点です。大気圧が低下すると、沸点も低下するので、高山でお湯を沸かそうとすると、100℃になる前に沸騰するというわけです。

■図5　物質の変化

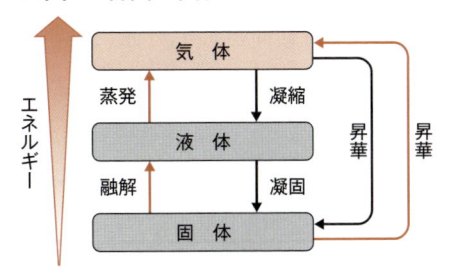

演習問題 4
確認のためもう一度トライ！

気圧が300hPaの山頂では水は何℃で沸騰するか。図6（P.102）を利用して概数で答えよ。

正解はP.134をチェック！

■表10 0℃から100℃までの水蒸気圧

気温(℃)	水蒸気圧(hPa)
0	6.11
10	12.28
20	23.39
30	42.44
40	73.77
50	123.39
60	199.37
70	312.23
80	475.33
90	705.29
100	1022.31

■図6 水の蒸気圧曲線

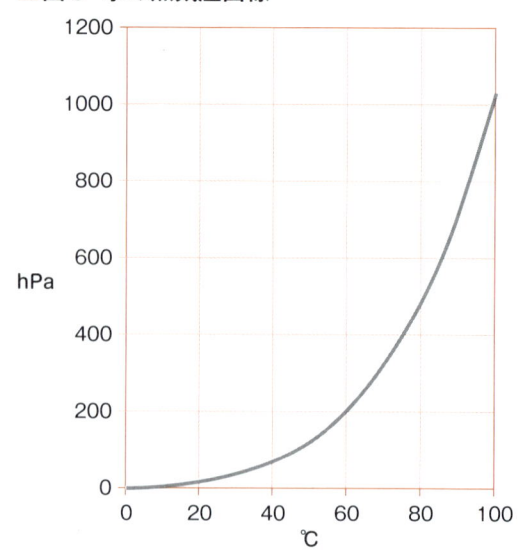

気体の溶解度

　コーラやサイダーなど、二酸化炭素を溶かした飲料水はポピュラーですが、酸素や窒素を溶かした飲料水があるという話を聞いたことはありません。このことからも、酸素や窒素が水に溶けにくいことがわかりますが、溶けにくさの基準として考案された単位が溶解度です（**表11**）。

　通常は、1気圧で溶媒1mLに溶ける気体の体積（単位はmL）を標準状態（0℃、1気圧）に換算した体積（mL）で表します。水に対する気体の溶解度は表11に示すとおりで、気体の種類によっても、また温度によっても異なりますが、温度が高いほど溶けにくいという傾向があり、「水に溶けている気体を追い出したいときは水を加熱すればよい」という常識的な結論が得られます。

　酸素や窒素など溶解度の小さい気体では、温度が一定のとき、圧力を倍にすると溶解度も倍になります。これがヘンリーの法則です。このヘンリーの法則にボイルの法則（気体の体積は圧力と反比例）を加味すると、「溶解度があまり大きくない気体では、一定量の水に溶ける気体の体積は、温度が一定のとき、圧力に関係なく一定」という法則が成立します。例題を解いてみましょう。

■表11 おもな気体の溶解度 (mL/水1mL、0℃、101kPa)

物質		0℃	20℃	40℃	60℃	80℃	100℃
酸素	O_2	0.049	0.031	0.023	0.020	0.180	0.017
窒素	N_2	0.023	0.015	0.012	0.010	0.0096	0.0095
水素	H_2	0.021	0.018	0.016	0.016	0.016	0.016
二酸化炭素	CO_2	1.72	0.94	0.61	0.45	0.37	—
アンモニア	NH_3	447	342	236	159	106	69.2
塩化水素	HCl	517	442	386	339	—	—
二酸化硫黄	SO_2	79.8	39.4	18.8	—	—	—
塩素	Cl_2	4.61	2.30	1.44	1.02	0.68	0.0
硫化水素	H_2S	4.67	2.58	1.66	1.19	0.92	0.81
空気		0.029	0.018	0.013	0.0098	0.0060	0.0

例題3

標準状態で水1000mLに酸素は49mL溶ける。圧力を5倍にすると、水1000mLに酸素は何g溶けるか。そのときの酸素の体積はいくらか。酸素の原子量は16とする。

解いてみよう!!

解答・解説

[解答] 質量：0.35g　体積：49mL

[解説] 酸素1モルの質量は16×2＝32g。その体積は標準状態で22.4Lなので、酸素49mL分の質量は、

$$\frac{49}{22.4 \times 1000} \times 32 = 0.07g$$

です。溶ける酸素の質量は圧力に比例するので、圧力が5倍になると、その5倍（0.07×5＝0.35g）になります。質量は圧力に比例しますが、体積は圧力に無関係なので、圧力が5倍になっても49mLのままです。

浸透圧

　スクロース水溶液と水との間を半透膜で仕切ると、水は半透膜を通過して、スクロース水溶液の濃度を下げる方向に拡散します（P.104図7）。拡散した水量はスクロース水溶液側の水位上昇分から計算可能ですが、スクロース水溶液に圧力を加えて水とスクロース水溶液の高さを等しくしたときの圧力値から読み取ることができます。それが浸透圧です。

　浸透圧を表す略語には、ギリシャ語のパイ（Π）がよく使われます。単位は、気体の圧力と同様パスカル（Pa）、水銀柱ミリメートル（mmHg）、気圧

(atm)などが状況に応じて使われます。また、**オスモル(Osm)**という単位もあります。浸透圧は水が溶液中に拡散する力に相当し、希薄溶液ではモル濃度に比例することがわかっています。

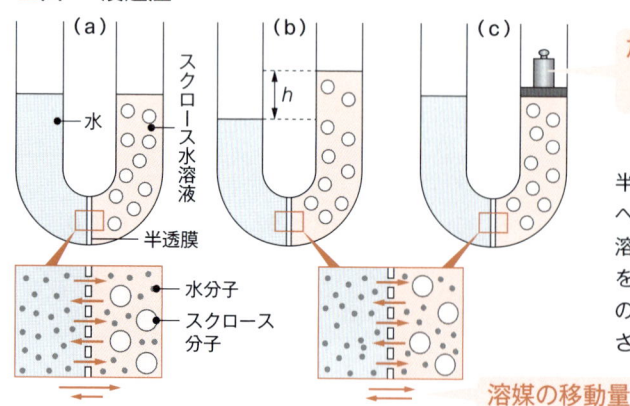

■図7 浸透圧

半透膜を通り抜けて水分子がスクロース溶液のほうへ移動するので、水の液面は下がり、スクロース水溶液の液面は上昇します。スクロース水溶液の液面を元の高さ(a)に戻すためには、スクロース水溶液の液面に圧力を加えねばならず(c)、この浸透をおさえる力が浸透圧です。

戸嶋直樹, 瀬川浩司 編：シグマベスト 理解しやすい化学Ⅰ・Ⅱ 改訂版. 文英堂, 東京, 2008：345 図67を参考にして作成

ファントホッフの式

浸透圧を求める一般式には、**ファントホッフの式**という特別な名称が与えられています。溶質n（単位はmol）を含む希薄水溶液の体積をv（単位はL）、絶対温度をT（＝t＋273、単位はK）とすると、溶質が非電解質であれば、浸透圧Π（hPa）は、

$$\Pi v = nRT$$
$$\Pi = cRT（cはモル濃度）$$

で表されます。Rは**気体定数**（＝8.31、単位はJ/K・mol）です。ファントホッフの式は理想気体の状態方程式と同じ形です。すなわち、vリットルに溶質nモルを含む気体の示す圧力が浸透圧と等しくなることを示しています。

> 理想気体の状態方程式
>
> $pv=nRT$

電解質溶液の浸透圧

2種類の水溶液AとBがあるとします。溶質はAが塩化ナトリウム、Bがスクロース水溶液、溶液の濃度は両方とも0.1モル/Lとします。溶液の浸透圧は、溶質のモル濃度に比例するので同じはずですが、実際にはA液のほうが約2倍大きくなります。

これは、塩化ナトリウムがナトリウムイオンと塩素イオンに電離することで、0.1モルの物質が0.2モルの物質として浸透圧を形成したためです。

不完全に電離する電解質の場合は、電離した部分が塩化ナトリウムのように、電離しなかった部分がスクロースのように振る舞います。

解いてみよう!!

例題4 図7(b)における液面差をh(cm)、スクロース液の密度をd(g/cm^3)とすると、浸透圧はいくらか。

解答・解説

[解答] $98hd$(Pa)

[解説] 液面差がh(cm)なので、1cm^{2}当たりのスクロース液柱の体積(単位はcm^3)は、

$$h \times 1 = h$$

です。スクロース液の密度がd(g/cm^3)なので、1cm^{2}当たりのスクロース液柱の質量(単位はg)は、

$$h \times d = hd$$

となります。ここでの単位の組み立ては、cm^3×g/cm^3=g。この値をキログラム(kg)に変換すると、

$$\frac{hd}{1000} = hd \times 10^{-3}$$

なので、1cm^{2}当たりのスクロース液柱にかかる重力(単位はN)は、

$$hd \times 10^{-3} \times 9.8$$

となります。9.8は重力の加速度で、単位はm/s^2。

1m^{2}当たりに換算すると、

$$1m^2 = 10000cm^2 = 10^4 cm^2$$

なので、

$$hd \times 10^{-3} \times 9.8 \times 10^4 = hd \times 9.8 \times 10 = 98hd$$

となります。つまり、$98hd$ニュートンの力が1m^{2}当たりにかかっています。

∴ 浸透圧＝$98hd$(N/m^2)＝$98hd$(Pa)

確認のためもう一度トライ! 演習問題5

問題1 あるタンパク質2.0gを含む水溶液0.1Lがある。この溶液の浸透圧が27℃で0.5kPaのとき、このタンパク質の分子量はいくらか。

問題2 生理食塩水中のNaCl濃度は154mEq/Lである。生理食塩水の浸透圧(単位はOsm)はいくらか。

問題3 生理食塩水中の塩化ナトリウムが完全に電離するときに予想される浸透圧(mOsm/L)はいくらか。

正解はP.134をチェック!

看護に必要な化学　第3章

看護に重要な物質の変化の話

第3章は、物質の変化を表す化学反応式のおさらいです。
しくみさえ覚えておけば、式をつくるのはややこしくありません。

化学反応と化学反応式のつくり方

水素H_2を空気中で燃焼させると、空気中の酸素O_2と反応して水H_2Oを生じます。この化学変化は、

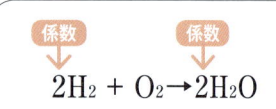

$$2H_2 + O_2 \rightarrow 2H_2O$$

（係数）　（係数）

という化学反応式で表されます。

H_2とH_2Oの左側に記入された数字（この場合はどちらも2）のことを化学式の係数と呼びます。この化学反応式は、「2分子の水素と1分子の酸素が反応すると2分子の水が生成される」ことを意味しますが、それと同時に「2モルの水素と1モルの酸素が反応すると2モルの水が生成される」ことも意味します。

標準状態における気体1モルの体積は気体の種類に関係なく22.4Lなので、この化学反応式を「標準状態で44.8Lの水素と22.4Lの酸素が反応すると2モルの水が生成される」と読み解くこともできます。

化学反応式	$2H_2$	+	O_2	→	$2H_2O$
分子数	2個		1個		2個
物質量	2mol		1mol		2mol
気体の体積（標準状態）	2×22.4L		1×22.4L		※標準状態では気体ではない

解いてみよう!!

例題5 メタンCH_4を空気中で燃焼させるときの化学反応式を作成せよ。

[解答・解説]

[解答] $CH_4 + 2O_2 \rightarrow CO_2 + 2H_2O$

[解説] メタンCH_4を空気中で燃焼させると、メタンが空気中の酸素O_2と反応して二酸化炭素CO_2と水H_2Oが生じます。化学反応式は4段階に分けてつくります。

STEP①

反応物と生成物の化学式を左辺と右辺に書き、両辺を矢印(→)で結びます。係数はまだ記入できません。クエスチョンマークをつけておきます。

$?\ CH_4 + ?\ O_2 \longrightarrow ?\ CO_2 + ?\ H_2O$

STEP②

原子の種類が最も多い物質の係数を、とりあえず1とします。この場合の候補はCH_4、CO_2、H_2Oなので、とりあえずCH_4を選びます。

$1CH_4 + ?\ O_2 \longrightarrow ?\ CO_2 + ?\ H_2O$

STEP③

CH_4に含まれているCとHの数はそれぞれ1と4です。生成物に含まれるCとHの数もそれぞれ1と4のはずなので、まずCO_2の係数が1、H_2Oの係数が2と決まります。したがって、

$1CH_4 + ?\ O_2 \longrightarrow 1CO_2 + 2H_2O$

となります。

STEP④

生成物に含まれるOの数は4つなので、反応物に含まれるOの数も4つのはず。というわけで、O_2の係数が2と決まります。式は、

$1CH_4 + 2O_2 \longrightarrow 1CO_2 + 2H_2O$

となり、最後に係数1を省略すると、

$CH_4 + 2O_2 \longrightarrow CO_2 + 2H_2O$

として完成しました。

熱化学方程式

前の項で復習した化学方程式は、じつは発熱を伴う反応です。これを数式化したものが**熱化学方程式**で、完成させると次のようになります。

[化学反応式]　$2H_2 + O_2 \longrightarrow 2H_2O$
[熱化学方程式]$2H_2(気) + O_2(気) = 2H_2O(液) + 572kJ$

水素、酸素、および水の状態が(気)や(液)のように指定され、化学反応式の矢印(→)が等号(=)に変わり、熱(水素の反応熱286kJの2倍)が追加されたことに注目してください。もし化学反応が吸熱反応の場合は、熱量の前にマイナス記号をつけます(**P.108表1**)。

吸熱反応
熱を吸収する反応のこと。反対に熱が発生する反応は発熱反応という。

■表1 反応熱(単位はkJ/mol。正の値は発熱、負の値は吸熱を示す)

反応熱	物質	化学式	kJ/mol
燃焼熱 物質1molが完全燃焼するときに発生する熱量	硫黄	S	297
	炭素(黒鉛)	C	394
	水素	H_2	286
	一酸化炭素	CO	283
	メタン	CH_4	891
	エタン	C_2H_6	1560
	プロパン	C_3H_8	2220
	ブタン	C_4H_{10}	2880
	アセチレン	C_2H_2	1310
	エタノール	C_2H_5OH	1370

反応熱	物質	化学式	kJ/mol
生成熱 物質1molがその成分元素の単体からつくられるときに出入りする熱量	水(気体)	H_2O	242
	水(液体)	H_2O	286
	二酸化炭素	CO_2	394
	アンモニア	NH_3	46.1
	エチレン	C_2H_4	−52.5
水への溶解熱	塩化水素(気体)	HCl	74.9
	硫酸(液体)	H_2SO_4	95.3
	水酸化ナトリウム	NaOH	44.5
	塩化ナトリウム	NaCl	−3.88
	硝酸カリウム	KNO_3	−34.9

確認のためもう一度トライ！　演習問題 6

グルコースと酸素を反応させてエネルギーを得る反応は、

$C_6H_{12}O_6 + 6O_2 = 6CO_2 + 6H_2O + 2867kJ$

という熱化学方程式で表すことができる。15gのグルコースを消費したとき、何gの二酸化炭素が生じるか。水素、炭素、酸素の原子量をそれぞれ1.0、12.0、16.0として計算せよ。

正解はP.135をチェック！

化学反応の速さと化学平衡

400〜600℃の高温で水素H_2とヨウ素I_2を反応させると、気体のヨウ化水素HIが生成されます。このような反応は可逆性(右向きにも左向きにも起こる反応)で、反応式は次のようになります。

$$H_2 + I_2 \underset{逆反応}{\overset{正反応}{\rightleftarrows}} 2HI$$

両方向に起こる反応なので、矢印も2本書きます。右向きの反応を正反応、左向きの反応を逆反応と呼びます。正反応の反応速度(＝ヨウ化水素の生成速度)は水素とヨウ素の濃度に比例し、

$v = k[H_2][I_2]$　※vは反応速度(単位はmol/L·s)、$[H_2]$と$[I_2]$は反応物質のモル濃度(単位はmol/L)、kは比例定数(＝反応速度定数)

と表されます。

逆反応の反応速度（＝ヨウ化水素の減少速度）はヨウ化水素の濃度の2乗に比例し、

$$v' = k'[\text{HI}]^2$$

※v'は反応速度、[HI]はヨウ化水素のモル濃度、k'は逆反応の反応速度定数

と表されます。
　さて、反応開始から十分に時間が経った状態（＝平衡状態）では、正反応の速度vと逆反応の速度v'が等しくなるので、

$$k[\text{H}_2][\text{I}_2] = k'[\text{HI}]^2 \quad \therefore \frac{k}{k'} = \frac{[\text{HI}]^2}{([\text{H}_2] \cdot [\text{I}_2])}$$

という関係が成立します。このような関係が化学平衡の法則（別名は質量作用の法則）です。k/k'を平衡定数といい、通常は大文字を使用してKと略します。温度が一定であれば、K値は常に一定の値を示します。
　上記のような可逆的反応が平衡状態にあるとき、反応条件（濃度、圧力、温度）を変えると、反応が左右いずれかに進んで、新しい平衡状態が生まれます。これを平衡状態の移動、または平衡移動と呼びます。条件させた反応変化による影響を妨げる方向に反応が進みますが、これをルシャトリエの原理と呼びます。

電解質溶液の平衡

　弱い酸や弱い塩基を水に溶かしたときも、電離が不十分なので、ある種の平衡状態が生まれます。例えば酢酸では、

$$\text{CH}_3\text{COOH} \rightleftarrows \text{H}^+ + \text{CH}_3\text{COO}^-$$

となり、これに質量作用の法則を当てはめると、

$$\frac{[\text{H}^+][\text{CH}_3\text{COO}^-]}{[\text{CH}_3\text{COOH}]} = Ka$$

という関係が成立します。平衡定数Kaは「酸の電離定数」と呼ばれます。小文字のaはacid（酸）を意味します。塩基についても同様な電離定数が知られていますが、略称はbase（塩基）の頭文字をとってKbと略されます。

酸と塩基

塩酸HClや硫酸H₂SO₄は、青色リトマス試験紙を赤色に変えるので酸（acid）と呼ばれます。酸の化学式中に含まれる水素原子のうち、水素イオンH⁺になることができる水素原子数を酸のイオン価と定義します。

水酸化ナトリウム水溶液やアンモニア水は、赤色リトマス試験紙を青色に変えるので塩基（base）と呼ばれます。塩基の水溶液が示す性質がアルカリ性です。塩基の化学式中に含まれる水酸化物イオンOH⁻の数を塩基のイオン価と定義しますが、これは塩基が受けとることができるH⁺の数ともいえます。

> **代表的な酸と塩基**
> - 1価の酸：塩酸
>   HCl→H⁺+Cl⁻
> - 2価の酸：硫酸
>   H₂SO₄→2H⁺+SO₄²⁻
> - 3価の酸：リン酸
>   H₃PO₄→3H⁺+PO₄³⁻
> - 1価の塩基：水酸化ナトリウム NaOH→Na⁺+OH⁻

電離度

電解質がどれだけ電離するかの割合を電離度（表2）と呼び、次のように定義します。

$$電離度 = \frac{電離した電解質の物質量}{溶けた電解質全体の物質量}$$

塩酸、硫酸、水酸化ナトリウムなどは常温常圧で8割以上電離するので、強酸・強塩基と呼ばれます。もちろん、たとえ強酸や強塩基であっても、濃度が濃くなれば電離度は低下します。一方、酢酸、炭酸、アンモニアなどは電離度が2割以下なので弱酸・弱塩基と呼ばれます。

■表2 酸・塩基の電離度による分類（25℃、0.1mol/L水溶液）

	強電解質		中間		弱電解質	
酸	硝酸 HNO₃	0.92	リン酸 H₃PO₄ 0.27		酢酸 CH₃COOH	0.013
	塩基 HCl	0.91			炭酸 H₂CO₃	0.0021
	硫酸 H₂SO₄	0.88			硫化水素 H₂S	0.0010
塩基	水酸化カリウム KOH	0.89			アンモニア NH₃	0.013
	水酸化ナトリウム NaOH	0.84				
	水酸化バリウム Ba(OH)₂	0.80				

水素イオン濃度とpH

水はごくわずかに電離してイオンを生じています。反応式にすると、

$$H_2O \rightleftarrows H^+ + OH^-$$

です。平衡定数をKとすると、

$$K = \frac{[H^+][OH^-]}{[H_2O]}$$

次のような等式が成立します。電離によるH₂Oの減少は非常にわずかなので、[H₂O]は一定とみなすことができます。そこで、[H₂O]×K＝Kwとおくと、

$$[H^+][OH^-] = K\mathrm{w} \quad (一定)$$

という関係が成立します。これが水のイオン積で、25℃でのKw値は1.0×10^{-14}(mol/L)²です。つまり、

$$[H^+] = [OH^-] = 1.0 \times 10^{-7} \mathrm{mol/L}$$

ということになります。

水のイオン積は、水に酸や塩基を加えても、これらの積は一定に保たれるというものです。つまり、水に酸を溶かすと、水溶液中の水素イオン濃度[H⁺]が大きくなり、水酸化物イオン濃度[OH⁻]は減少します（酸性の水溶液）。水に塩基を溶かすと[OH⁻]が大きくなり、[H⁺]が減少します（塩基性の水溶液）。このように[H⁺]と[OH⁻]は反比例の関係にあります。

水に酸や塩基を加えたときの水溶液の酸性・塩基性の強弱は、[H⁺][OH⁻]の大小によって表わされますが、[H⁺]は10^{-n}ととても小さいためpHという数値で表わします。関係式は、

$$pH = n のとき、[H^+] = 10^{-n} (\mathrm{mol/L})$$

水の場合は[H⁺]＝1.0×10^{-7}mol/Lなので、pHは7となり、これを中性とします。ちなみに、水に酸や塩基を加えても水溶液の性質として[H⁺]と[OH⁻]の積は一定に保たれます。この一定値を水の水和積と呼ぶ約束です。

$$水の水和積 = [H^+] \times [OH^-]$$
$$= (1.0 \times 10^{-7} \mathrm{mol/L}) \times (1.0 \times 10^{-7} \mathrm{mol/L})$$
$$= 1.0 \times 10^{-14} (\mathrm{mol/L})^2$$

> **pHによる水溶液の性質**
> pHによる水溶液の性質は、酸性：pH＜7、中性：pH＝7、塩基（アルカリ）性：pH＞7と表わされる。

塩の性質

塩酸HClと水酸化ナトリウムNaOHを反応（中和反応）させると塩化ナトリウムNaClと水H₂Oが生じ、水を蒸発させると塩化ナトリウムの結晶が得られます。このような化合物を塩と総称します。

いろいろな塩を水に溶かしたときのpHを調べると、弱酸と強塩基が反応して生じた塩はアルカリ性を示すことがわかりました。これは塩が水と反応してその一部が元の酸や塩基に戻るからですが、このような現象を塩の加水分解といいます。ちなみに、強酸と弱塩基の組み合わせでは酸性、強酸と強塩基の組み合わせでは中性です。

看護に必要な
化学　第4章

看護に重要な無機化合物と有機化合物の話

炭素を含むか含まないかにより、
物質は無機化合物と有機化合物に分かれます。
それぞれの代表的な物質について解説します。

無機化合物

元素の分類

　現在約110種類が発見されている元素は、典型元素と遷移元素に分類されます。数からいうと5対7の割合と覚えておくと便利でしょう。前者が周期律表の1〜2族と12〜18族に属するのに対して、後者は3〜11族に属するという違いがあります。

　元素の金属性は、同じ周期内では原子番号が小さいほど強く、同じ族内では原子番号が大きいほど強い傾向があります。金属性＝陽性（陽イオンになりやすい）、非金属性＝陰性（陰イオンになりやすい）とわり切っても構いません。

　ただし、18族元素は、第2章で復習したように、原子構造が安定しているためイオン化しにくいという特徴があります（P.92参照）。以下の項では医療にとって有用性が高い元素や化合物をピックアップして復習します。

アルカリ金属

　第1族の2〜6周期の元素（リチウムLi、ナトリウムNa、カリウムK、ルビジウムRb、セシウムCs、フランシウムFr）がアルカリ金属です。ナトリウムとカリウムは生命活動にとって必須です。化合物のなかでは炭酸ナトリウムNa_2CO_3がソーダ灰として使われます。

アルカリ土類金属

　第2族の4〜7周期の元素（カルシウムCa、ストロンチウムSr、バリウ

元素の金属性

元素は金属元素と非金属元素に分けられる。遷移元素はすべて金属元素だが、典型元素には非金属のものも含まれる。その度合いを元素の金属性という。

化合物

2種類以上の元素が結合した物質のこと。

ムBa、ラジウムRa)が**アルカリ土類金属**です。カルシウムは生命活動にとって必須です。化合物としては、骨の主成分としての炭酸カルシウム$CaCO_3$、X線撮影検査造影剤としての硫酸バリウム$BaSO_4$が重要です。

ハロゲン

第17族の2〜6周期の元素(フッ素F、塩素Cl、臭素Br、ヨウ素I、アスタチンAt)が**ハロゲン**です。塩素とヨウ素が消毒・殺菌に利用されます。また、ヨウ素は甲状腺ホルモンの成分です。

希ガス

希ガスとは、第18族に属するすべての元素(ヘリウムHe、ネオンNe、アルゴンAr、クリプトンKr、キセノンXe、ラドンRn)のことです。6元素あり、すべて現在のハイテク社会になくてはならない存在です。**ラドン**はがん治療用の放射線源としてとくに重要です。

> **希ガス**
> P.90「希ガスとその電子配置」も参照。

必須微量元素

体内にその存在が確認されている元素は約40種類ありますが、生体の含有量が鉄よりも少量のものを**微量元素**、そのなかでも生物が生存し、正常な生理機能を保持するために必要不可欠な15種類(鉄、亜鉛、銅、モリブデン、セレン、クロム、マンガン、ニッケル、コバルト、スズ、バナジウム、ケイ素、ヒ素、フッ素、ヨウ素)を**必須微量元素**と呼びます。

これらの元素はなぜ必須なのでしょうか。キーワードは**酵素**です。人体内には3000種類以上もの酵素がありますが、酵素のなかには金属イオンが存在しないと正常にはたらくことができないものがあります。このような酵素を**金属酵素**、金属イオンを**補助因子**と呼びます。じつは、必須微量元素の多くが金属酵素の補助因子なのです。例えば亜鉛。200〜300種類の酵素は亜鉛がないとはたらくことができません。

体内では、常に細胞の新陳代謝(死滅した細胞と新しくつくられた細胞の交代)が行われています。新しい細胞は細胞分裂とタンパク質の合成によってつくられますが、その際に動員される酵素の多くは亜鉛を必要とします。亜鉛が欠乏したときに出現しやすい代謝異常とその症状は、味細胞の新旧交代の障害(味覚障害)、毛髪の新旧交代の障害(脱毛)、皮膚コラーゲンの分解障害(皮膚病)、肉芽形成障害(創傷治癒の遅延)などです。

母乳中の亜鉛が不足すると、乳児が亜鉛欠乏症(皮膚びらん、脱毛、発

育不全、知的障害など)を起こすおそれがあります。粉ミルクに関しては、法律改正によって亜鉛や銅の添加が認可されて、以後は大きな問題にならなくなりました。

ビスマス

　ビスマス(元素記号Bi)は原子番号83のかなり重たい金属元素で、別名は蒼鉛(そうえん)。一般的にはあまり知られていないことですが、医薬品、顔料(化粧品)、合金、新素材などの分野で幅広く利用されています。

　ビスマスは、タンニンに似て、腸内でタンパク質と結合して粘膜表面に難溶性の被膜(ひまく)を形成し、粘膜からの分泌を抑制します(下痢(げり)止め効果)。普通は、次硝酸ビスマスとして処方(例:2gを1日2回分服)されます。

Note 2

チャネルの選択性

　イオンチャネルは出入りするイオンを選ぶフィルター機能をもっています。これをチャネルの「選択性」と表現します。したがって、選択性の非常に高いチャネルもあれば、あまり高くないチャネル、あるいは非常に低いチャネルもあります。

　選択性を考察するうえで非常に有用なツールが周期律表です(P.136巻末資料参照)。まず、アルカリ金属に注目してみましょう。カリウムチャネルはカリウムイオンを通しやすくナトリウムイオンを通しにくいわけですが、同族であるルビジウムイオンとセシウムイオンは比較的容易にカリウムチャネルを通ります。

　では、ナトリウムチャネルはどうでしょうか。ナトリウムチャネルはリチウムイオンをスイスイ通し、それ以外はほとんど通しません。

　次にアルカリ土類金属に注目すると、これらはカルシウムチャネルをスイスイ通ります。ところが、マグネシウムイオンはカルシウムチャネルを非常にゆっくりとしか通りません。その通過速度があまりに遅いため、カルシウムイオンとマグネシウムイオンが共存する環境下では、いったんマグネシウムイオンが通りはじめたカルシウムチャネルはカルシウムイオンが通過できなくなります。遷移金属の亜鉛類(12族の4～6周期)も同様です。

　ハロゲンはクロライドチャネルをスイスイ通ります。

有機化合物

有機化合物の特徴

炭素原子を骨格とした化合物を有機化合物、それ以外の化合物を無機化合物として分類しますが、両者の間には表1のような違いがみられます。炭素原子が結合した骨格の形によって鎖式化合物（別名は脂肪族化合物）か環式化合物かに、隣り合う炭素原子の結合のしかたによって飽和化合物か不飽和化合物かに分類します（図1）。

■表1　有機化合物と無機化合物の比較

	有機化合物	無機化合物
構成元素	C以外はH、O、Nなど	ほぼすべての元素
結合	共有結合＞イオン結合 （ほとんどが共有結合）	イオン結合＞共有結合 （多くがイオン結合）
種類	約2000万種以上	約20万種
水溶性	溶けにくい	溶けやすい
電離	非電解質	電解質

■図1　炭素の骨格と炭素間の結合

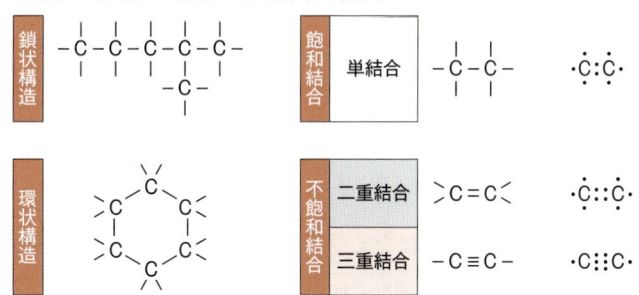

官能基

炭素と水素だけからなる有機化合物が炭化水素です。これらのうち、炭素原子が鎖式に結合し、なおかつ結合がすべて飽和しているもの（別名は飽和脂肪族炭化水素）はとくに重要です。

改めてポイントを整理しましょう。代表的な化合物はメタンCH_4とエタンC_2H_6で、それぞれから水素原子を1つ除いたものがメチル基CH_3-とエチル基C_2H_5-です。エタンから水素原子を2個奪うと炭素原子同士の結合が不飽和になりますが、これがエチレンC_2H_4です。エチレンから水素原

化学4　看護に重要な無機化合物と有機化合物の話

115

子を2個奪うと炭素原子どうしの結合がさらに不飽和になります。これがアセチレンC_2H_2で、水を付加するとアセトアルデヒドに変化します。アセトアルデヒドを酸化すると酢酸になります。

炭化水素から水素原子を1つ除き、その代わりほかの原子団を付加すると、性質の異なる化合物が生じます。例えばメタン。水素原子1つをヒドロキシ基（ヒドロキシル基）$-OH$に置換するとメタノールCH_3-OHになります。ヒドロキシ基のような有機化合物の性質を決めるはたらきをもつ原子団を官能基と呼びます。表2は代表的な官能基です。

■表2 代表的な官能基

官能基の種類		化合物群の名称	化合物の例
ヒドロキシ基	$-OH$	アルコール	メタノール、エタノール
		フェノール類	フェノール
アルデヒド基	$-COH$	アルデヒド	アセトアルデヒド
ケトン基	$=CO$	ケトン	アセトン
カルボキシル基	$-COOH$	カルボン酸	酢酸
ニトロ基	$-NO_2$	ニトロ化合物	ニトロベンゼン
アミノ基	$-NH_2$	アミン	アニリン
スルホ基	$-SO_3H$	スルホン酸	ベンゼンスルホン酸
エーテル結合	$-O-$	エーテル	ジエチルエーテル

アルコール

炭化水素の水素原子をヒドロキシ基$-OH$で置換したものがアルコールです。芳香族の場合はアルコールではなくフェノールとして分類されます（P.118表4参照）。メタノール（示性式はCH_3OH）とエタノール（示性式はC_2H_5OH）は看護師にとって最も身近な医薬品の1つです。よく問題になる価と級の違いを簡単に復習しましょう。

級

級とは、「ヒドロキシ基が結合している炭素原子に結合している炭素原子の数」です。炭素原子の数によってアルコールは第1～3級に分類されます。

Note 3 有機化合物の表記

有機化合物を表すのには、大きく3つの方法があります。

①**分子式**：分子を構成している原子とその個数を表します。C、H、O、Nの順に書き、その他の原子はアルファベット順に書きます。

②**示性式**：官能基を明示します。

③**構造式**：それぞれの原子の結合のしかたを価標の数で表します。

ではエタノールをそれぞれの式で表してみましょう。

(例)エタノール

分子式	C_2H_6O
示性式	C_2H_5OH
構造式	H H H-C-C-O-H H H

- 炭素原子が1個のとき第1級 ——— 酸化するとアルデヒド
- 炭素原子が2個のとき第2級 ——— 酸化するとケトン
- 炭素原子が3個のとき第3級 ——— 酸化されにくい

アルコールの一種であるメタノールは、ヒドロキシ基が結合している炭素原子が結合するべき炭素がありません。しかし、酸化するとホルムアルデヒドになるので、例外として第1級アルコールとして分類されます。

また、アルコールは炭素の数によって低級と高級に分類されます。

- 低級アルコール ——— 炭素の数が少ないもの(無色の液体)
- 高級アルコール ——— 炭素の数が多いもの
(蝋状、例：ろうそく、ワックス)

価

価とは、「アルコール1分子中に含まれる−OHの数」のことです。アルコールの一種であるエタノールは、1級でかつ1価のアルコールです。

爆薬であるニトログリセリンの原料として有名なグリセリン(別名はグリセロール)は、示性式$C_3H_5(OH)_3$で表される3価アルコールです。無色透明の糖蜜状液体でアルコールに可溶、エーテルに難溶、水には非常によく溶けます。保水性が高く毒性も少ないため、化粧品や水彩絵具に使われ

ますが、医療分野では脳圧降下薬や浣腸液として有用です。3つのヒドロキシ基をすべて脂肪酸でエステル化したものがトリグリセリドです。

芳香族化合物

芳香族化合物は、6個の炭素原子で形成される六角形のベンゼン環が特徴です。表3はベンゼン類を表したものです。それぞれの炭素原子に水素原子が1つずつ結合しているのがベンゼン、水素原子の1つがメチル基に置換されたものがトルエン、2つが置換されたものがキシレンです。ベンゼン、トルエン、キシレンは有機溶媒として有用です。

ベンゼン類の水素原子がヒドロキシル基に置換されると、フェノール類になります(表4)。クレゾールは消毒薬としてなくてはならない化合物です。フェノール類のサリチル酸をメタノールと反応させるとサリチル酸メチル(湿布薬の主成分)、無水酢酸と反応させるとアセチルサリチル酸(アスピリン＝解熱鎮痛薬)が得られます(図2・3、Note④参照)。

非常に複雑な構造ですが、基本的にはフェノール類に属するタンニン(tannin)は渋柿や栗の渋皮の渋味成分です。タンニンがタンパク質に結合して収斂するので渋く感じるわけです。この性質を応用してつくられたのが、下痢止めに用いられるタンニン酸アルブミンです。タンニン酸とタンパク質(乳性カゼイン)との化合物で、水に溶解しないため、口腔や胃ではタンニン酸の収斂作用は現れず、膵液によって徐々に分解してタンニン酸を遊離し、全腸管にわたって緩和な収斂作用を及ぼします。タンニン酸アルブミンは、胃腸障害を起こしにくい安全性の高い薬です。

渋柿の果汁が「柿渋」でタンニンに富み、昔は防腐剤として珍重されました。柿渋を紙に塗ったものを「渋紙」といい、水に強いので、和傘、提灯

■表3 ベンゼン類

名称	ベンゼン	トルエン	o-キシレン	エチルベンゼン	スチレン	アントラセン
構造式						

■表4 フェノール類

名称	フェノール	o-クレゾール	m-クレゾール	p-クレゾール	1-ナフトール	2-ナフトール
構造式						

などに利用されました。

■図2 サリチル酸メチルの生成過程

サリチル酸 + メタノール → (濃H₂SO₄(硫酸), エステル化) サリチル酸メチル(消炎鎮痛薬) + H₂O

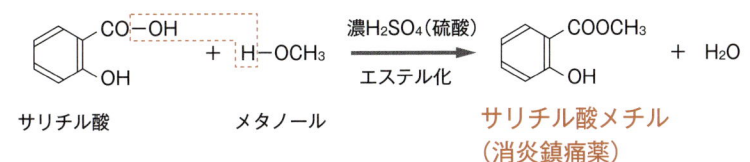

■図3 アセチルサリチル酸の生成過程

サリチル酸 + 無水酢酸 → (濃H₂SO₄, アセチル化) アセチルサリチル酸(解熱鎮痛薬→アスピリン) + CH₃COOH

Note 4

アスピリンの歴史

　ヤナギの樹皮に痛みを和らげる作用があることは2000年以上前から知られています。医学の父と呼ばれる古代ギリシャの医師、ヒポクラテスはヤナギの樹皮や葉を痛み止め（鎮痛薬）や熱冷まし（解熱薬）として処方したそうです。薬用成分はサリチル酸——1800年代の終わりにヤナギ樹皮のエキスから精製されました。このサリチル酸からつくられたのがアセチルサリチル酸、つまりアスピリンです。

　それから約70年間、アスピリンはもっぱら解熱・鎮痛薬として使用されましたが、1967年にアスピリンに血液を固まりにくくする作用（これを抗血小板作用——広い意味での抗血栓作用と呼びます）があることがわかり、以後、アスピリンは抗血小板薬としての地位を確立していったのです。

　わが国では現在、1日に約140万人が抗血小板薬としてのアスピリンを服用していると推定されています。

シダレヤナギ
（英名：Weeping willow、学名：Salix babylonica）
英名のweepは悲鳴を上げるという意味で、ヤナギが強風にあおられてヒューヒュー鳴る様が表現されています。学名のSalixは「近い」を意味する「sal」と「水の」を意味する「lis」からつけられ、水辺に多く生育することを意味しています。写真は久留米市内で撮影。

化学4　看護に重要な無機化合物と有機化合物の話

看護に必要な化学 第5章

私たちの生活と物質との関係

私たちが生きていくには「食べる」という行為が欠かせません。
その食べ物もさまざまな物質でできています。
第5章は、私たちの生活に欠かせないものをかたちづくっている物質の話です。

糖質

グルコース（ブドウ糖）

　糖質とは、グルコースなどの単糖類、スクロースなどの二糖類、デンプンなどの多糖類の総称で、炭水化物ともいわれます。生体では、消化液に含まれる加水分解酵素（アミラーゼ、マルターゼなど）が、食物として摂取したデンプンをグルコース、ガラクトース、フルクトースにまで消化し、小腸上皮細胞内に吸収します。

　単糖類は多価アルコールの水酸基の1つが酸化されて、アルデヒド基－CHOまたはケトン基－COになったものです。アルデヒド基をもつものをアルドース、ケトン基をもつものをケトースとして区別します。グルコースとガラクトースがアルドース、フルクトースがケトースです。

　糖質の名称は炭素の数によっても変化します（図1）。炭素6個の糖類を

> **糖質の分類**
> 単糖類はそれ以上加水分解されない糖類のこと。二糖類は単糖類2分子が、多糖類は多くの単糖類が縮合したものである。

■図1　ヘキソースとペントースの化学式

ヘキソース

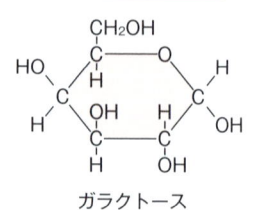

ガラクトース
炭素が6個。ギリシャ語で「6」を「ヘキサ」と呼ぶためヘキソースといいます。

ペントース

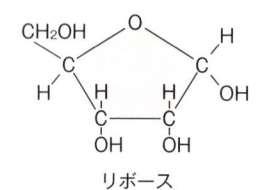

リボース
炭素が5個。ギリシャ語で「5」を「ペンタ」と呼ぶためペントースといいます。

> グルコースは炭素が6個だからヘキソースだね

■表1 おもな糖質の特徴

名称	構造	特徴
グルコース(ブドウ糖)		天然の甘味料として用いられる
フルクトース(果糖)		糖類のなかでは最も甘味が強い。果物に含まれる
マルトース(麦芽糖)	グルコース+グルコース	モルト(麦芽)に多く含まれる
スクロース(ショ糖)	グルコース+果糖	砂糖とも呼ばれる。サトウキビなどに含まれる
ラクトース(乳糖)	ガラクトース+βグルコース	牛乳などに含まれる
キシリトール		冷涼感タップリ。カロリー40%オフ

グルコースは結晶中では6個の原子が環状になった六員環構造ですが、そのなかの炭素の位置に結合しているヒドロキシ基の向きによって2種類に分かれます。六員環の上にあるものをβグルコース、下にあるものをαグルコースといいます。

ヘキソース(六炭糖)、炭素5個の糖類をペントース(五炭糖)と呼ぶ約束です。表1はおもな糖質の特徴です。

グルコース(ブドウ糖)代謝

図2に示すように、グルコース代謝は解糖系とTCA回路(tricarboxylic acid cycle、別名はクレブス回路)の2段構えです。TCA回路には電子伝達系が共役しているため、3段構えともいえます。

グルコースからピルビン酸までが解糖系ですが、解糖系はあらゆる生物の最も基本的な代謝系で、細胞質で行われます。これは、解糖系が最も原始的な代謝系であることを示唆しています。

真核生物では、解糖系で得られたピルビン酸をアセチルCoAに変換さ

■図2 グルコース代謝

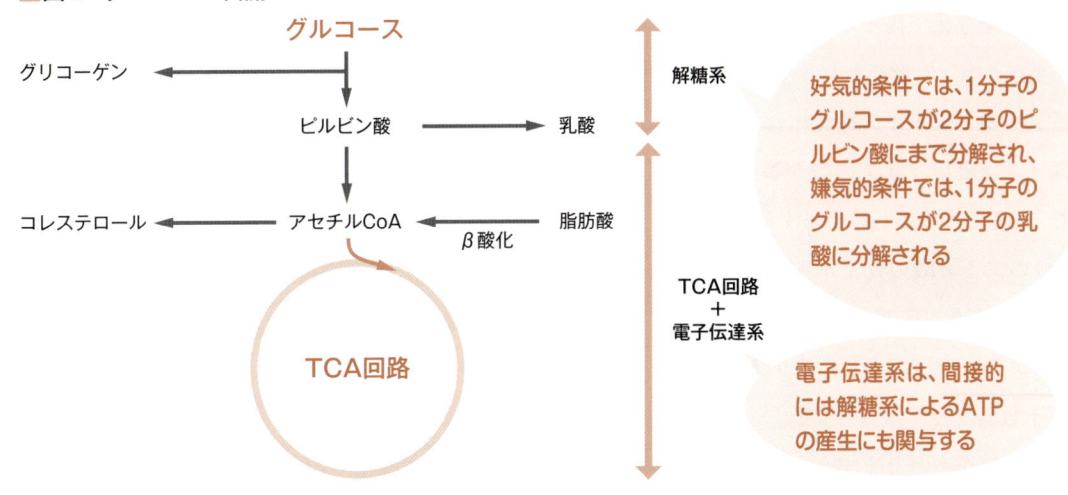

好気的条件では、1分子のグルコースが2分子のピルビン酸にまで分解され、嫌気的条件では、1分子のグルコースが2分子の乳酸に分解される

電子伝達系は、間接的には解糖系によるATPの産生にも関与する

せてからミトコンドリアに輸送してTCA回路や電子伝達系に提供します。ちなみに、ピルビン酸からアセチルCoAへの変換反応の補酵素はビタミンB₁です。

飢餓のときにはグルコースが不足するため、まず肝臓に蓄えたグリコーゲンを分解してグルコース不足を補います。もし、飢餓状態が続いてグリコーゲンが枯渇した場合には、脂肪酸のβ酸化によってアセチルCoAをつくり、それによってTCA回路を回す予備的な能力も備わっています。

解糖系とTCA回路・電子伝達系によるグルコース酸化が好気的条件で行われた場合、1モルのグルコースから筋肉と脳では36モル、肝臓、心臓、腎臓では38モルのATPが得られます。全体の反応式は、次のように表すことができます。

$$C_6H_{12}O_6 + 6H_2O + 6O_2 \longrightarrow 6CO_2 + 12H_2O + 2870kJ\,(+36\text{or}38\text{ATP})$$
グルコース　　水　　酸素　　　二酸化炭素　　水

アミノ酸とタンパク質

アミノ酸

アミノ酸は、アミノ基−NH₂とカルボキシル基−COOHをもつ化合物です（図3）。アミノ酸はタンパク質を構成する単位で、タンパク質をつくるアミノ酸は約20種類あります（P.10表3）。原則的に水溶性ですが、アルコールには溶けません。塩基性のアミノ基と酸性のカルボキシル基をもっているため、酸と塩基の両方の性質を示し、そのために両性化合物と呼ばれます。適当なpHの水溶液中では、カルボキシル基がアミノ基に水素イオンを与えて陽イオン−NH₃⁺と陰イオン−COO⁻を生じ、両性（または双性）イオンの形をとります。溶液を酸性にすると陽イオンに、アルカリ性にすると陰イオンに変化します。

陽イオンと陰イオンの数が等しくなり、分子全体として正味の電荷が0になるpHを等電点と呼びます（図4）。

1つのアミノ酸のカルボキシル基と別のアミノ酸のアミノ基が反応（脱水反応）して生じるアミド結合−CO−NH−を、ペプチド結合と呼びます。2個のアミノ酸が縮合したものがジペプチド、3個だとトリペプチド、数個〜十数個だとオリゴペプチド、80〜100個以上だとポリペプチドという具合に名前が変わります。

■図3 アミノ酸の性質

$$R-\underset{NH_2}{\overset{CH-COOH}{|}}$$

- CH−COOH …… カルボキシル基（酸性）
- NH₂ …… アミノ酸（アルカリ性）
- 共通部分
- この部分が変化する

$$R-\underset{NH_3^+}{\overset{CH-COOH}{|}} \underset{OH^-}{\overset{H^+}{\rightleftarrows}} R-\underset{NH_3^+}{\overset{CH-COO^-}{|}} \underset{H^+}{\overset{OH^-}{\rightleftarrows}} R-\underset{NH_2}{\overset{CH-COO^-}{|}}$$

陽イオン　　　　　双性イオン　　　　　陰イオン
酸性　　　　　　　**等電点**　　　　　　アルカリ性

$$H_2N-\underset{R_1}{\overset{CH}{|}}-\overset{O}{\underset{}{\overset{\|}{C}}}-OH+H-\underset{H}{\overset{N}{|}}-\underset{R_2}{\overset{CH}{|}}-COOH \longrightarrow H_2N-\underset{R_1}{\overset{CH}{|}}-\overset{O}{\underset{}{\overset{\|}{C}}}-\underset{H}{\overset{N}{|}}-\underset{R_2}{\overset{CH}{|}}-COOH$$

ペプチド結合

■図4 アミノ酸の等電点

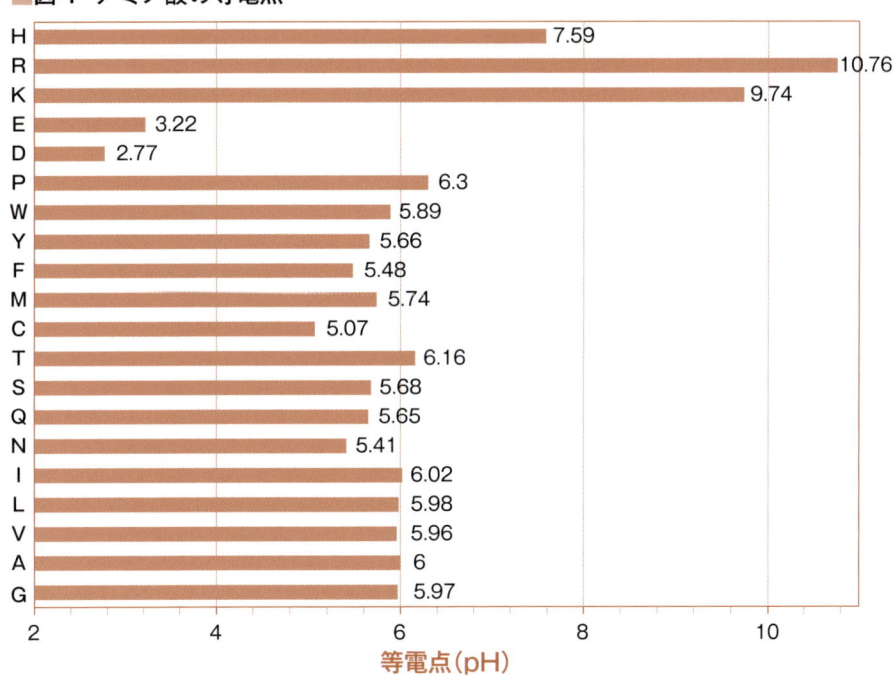

アミノ酸	等電点(pH)
H	7.59
R	10.76
K	9.74
E	3.22
D	2.77
P	6.3
W	5.89
Y	5.66
F	5.48
M	5.74
C	5.07
T	6.16
S	5.68
Q	5.65
N	5.41
I	6.02
L	5.98
V	5.96
A	6
G	5.97

20種類のアミノ酸の等電点を棒グラフで表示したものです。横軸がpHを表します。これらのアミノ酸のうち、5種類(H、R、K、E、D)の等電点がほかのアミノ酸の等電点と大幅にずれているのがわかります。アルカリ側にずれているのが塩基性アミノ酸(H=ヒスチジン、R=アルギニン、K=リジン)、酸性側にずれているのが酸性アミノ酸(E=グルタミン酸、D=アスパラギン酸)です。

化学5　私たちの生活と物質との関係

確認のためもう一度トライ！　**演習問題 7**

人体を構成する20種類のアミノ酸のうち、中性水溶液中でプラスに荷電するのはどれか。

正解はP.135をチェック！

アミノ酸の配列順序

ポリペプチド中のアミノ酸の配列順序を一次構造と呼びます。DNA情報に基づいてつくられた直後のポリペプチドは一本棒ですが(**図5上段**)、分子内の水素結合などによって時計回りのらせん構造(αヘリックス)、あるいはひだ状のシート状構造(βシート)に変化します(**図6**)。

■図5 ポリペプチドの構造

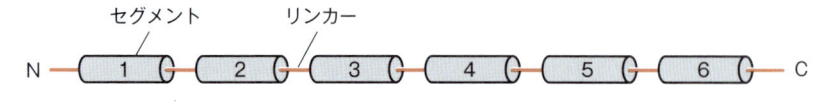

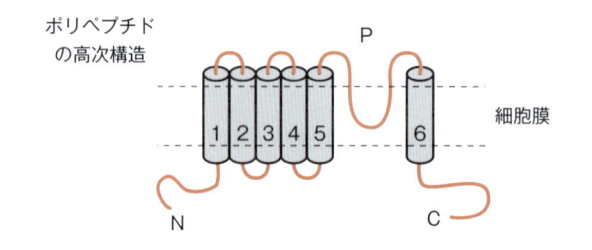

上段は一本棒状のポリペプチドの模式図。左端がアミノ末端(N)、右端がカルボキシル末端(C)です。円筒形の部分(セグメント1—6)がαヘリックスを形成します。セグメントとセグメントの間をリンカーと呼びます。下段は細胞膜内での高次構造の予想図。

■図6 αヘリックス(左)とβシート(右)の模式図

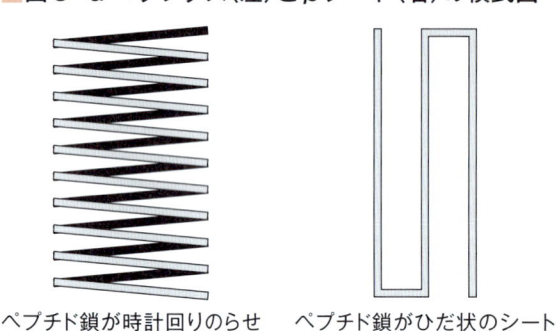

ペプチド鎖が時計回りのらせん状になっています。

ペプチド鎖がひだ状のシート状構造になっています。

タンパク質

タンパク質は、多数のアミノ酸がペプチド結合によって結合した高分子化合物(ポリペプチド)です。具体的には、約20種類のアミノ酸から構成され、約80個以上のアミノ酸がペプチド結合したポリペプチドです。

タンパク質の性質は、タンパク質を構成するアミノ酸(構成アミノ酸)の種類と結合順序によって決まり、この構成アミノ酸の種類と結合順序は、遺伝子(DNA)によって支配されています。

タンパク質のしくみとはたらきの特徴は次のとおりです。

- 多数のアミノ酸が数珠状に連なっただけの構造を1次構造と呼ぶが、通常はもっと複雑な2次～3次構造をとる
- 複数のポリペプチドが会合してはじめて機能をもつ場合もある。4次構造とは、このような複数のポリペプチドが会合した構造を指す。会合した個々のポリペプチドをサブユニットと呼ぶが、最近ではポリマーと呼ばれることもある
- タンパク質に熱や酸、塩基、有機溶媒などを作用させると凝縮する。これが「タンパク質の変性」で、通常は不可逆性である。つまり、元には戻らないということ
- タンパク質は水に溶かすと親水性のコロイド溶液になる。適当なpHの液中では正、または負に帯電する。したがって、複数のタンパク質の混ざった状態でも、電気泳動という手法を使えば個々のタンパク質に分離できる（図7）

■表2　タンパク質の種類

種類	おもな作用	例
酵素	生体内反応の触媒	アミラーゼ、ナトリウムポンプ
構造タンパク質	結合組織や細胞間成分	コラーゲン
収縮タンパク質	筋肉の収縮	アクチン、ミオシン
防御タンパク質	生体防御	γグロブリン、フィブリノーゲン
調節タンパク質	代謝の調節	インスリン、カルモジュリン
輸送タンパク質	物質輸送	ヘモグロビン、イオンチャネル
貯蔵タンパク質	栄養	カゼイン

■図7　血清タンパク分画

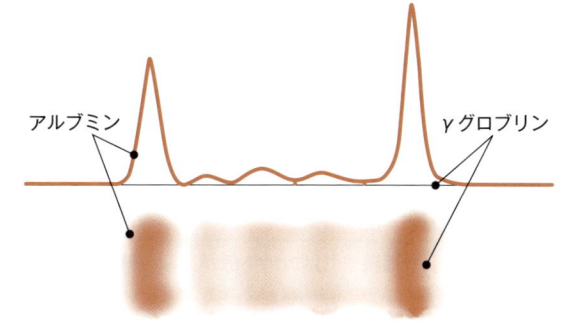

検体は高γグロブリン血症患者血清。下段が電気泳動の生データ、上段はそれをグラフ化したもの。正常例は「生物」（P.46）に掲載しました。

化学5　私たちの生活と物質との関係

タンパク質・アミノ酸代謝

　表3は、「人体の構造と機能」に関係が深いと考えられるタンパク質・アミノ酸代謝です。
　まずポイント①とポイント②です。一般に、アミノ基転移は、

　　　αケトグルタル酸＋アミノ基 ⇄ グルタミン酸

のように表されます。例えば、グルタミン酸からオキサロ酢酸へのアミノ基転移の場合は、

　　　グルタミン酸＋オキサロ酢酸 ⇄ αケトグルタル酸＋アスパラギン酸
　　　　　　　　　　　　　　　　　　（酵素はGOT、補酵素はビタミンB_6）

となり、グルタミン酸からピルビン酸へのアミノ基転移の場合は、

　　　グルタミン酸＋ピルビン酸 ⇄ αケトグルタル酸＋アラニン
　　　　　　　　　　　　　　　　　　（酵素はGPT、補酵素はビタミンB_6）

となります。
　したがって、生成物のグルタミン酸をベースに酸化的脱アミノにより、アンモニアの生成が可能になるわけです。反応式は、

　　　グルタミン酸＋水 ⇄ αケトグルタル酸＋アンモニア
　　　　　　　　　（酵素はグルタミン酸脱水素酵素、補酵素はFMN）

と表すことができます。酸化的脱アミノではなく脱アミドでもアンモニアができます。例えばアスパラギンやグルタミンの場合だと、

　　　アスパラギン＋水 ⇄ アスパラギン酸＋アンモニア
　　　　　　　　　　　　（酵素はアスパラギナーゼ）

　　　グルタミン＋水 ⇄ グルタミン酸＋アンモニア（酵素はグルタミナーゼ）

というわけです。
　次はポイント③。アミノ基転移や酸化的脱アミノによりアミノ酸から生じたαケト酸は、ピルビン酸やTCA回路に入るアミノ酸を経て代謝されます。
　最後に、ポイント④は脱炭酸反応です。この反応の結果、伝達物質や生

アミノ基転移
グルタミン酸にATPとアミノ基転移酵素（トランスアミナーゼ）がはたらき、オキサロ酢酸に転移すること。

酸化的脱アミノ
アミノ酸などが酸化を受けると同時にアミノ基を失う反応のこと。

FMN
flavin mononucleotide：フラビンモノヌクレオチド

■表3　タンパク質・アミノ酸代謝のポイント

①アミノ酸の分解	アミノ基転移と酸化的脱アミノが連続すれば、αケト酸がアミノ基を失い（新しいαケト酸と）アンモニアを生じることが可能である
②アンモニアの代謝	アンモニアは肝臓で尿素に合成されて尿中に排泄される
③ケト酸の代謝	糖代謝経路、または脂質代謝経路に入る
④脱炭酸	脱炭酸により対応するアミンを生じる

体アミンなどの生理活性物質が得られます（**表4**）。酵素はデカルボキシラーゼで、補酵素はビタミンB₆です。

■表4 脱炭酸反応

反応前	脱炭酸後
ヒスチジン	ヒスタミン
5ヒドロキシトリプタミン	セロトニン
チロシン	チラミン
オルニチン	プトレッシン
グルタミン酸	γアミノ酪酸
アスパラギン酸	βアラニン

脂質

脂質とは、以下の3つを満たすものです。

- 水に溶けないが有機溶媒（ベンゼン、クロロホルムなど）には溶ける
- 脂肪酸とエステルを形成する、あるいは形成できる
- 生体に関係する

> **エステル**
> カルボン酸とアルコールの反応によって生じる化合物。分子量の小さいエステルは、果実のようなにおいがする。

脂質は単純脂質と複合脂質に分かれます。単純脂質とは、成分が脂肪酸とグリセリン（3価アルコール）のみ、つまり、グリセリンのもつ3つの－OH基（ヒドロキシ基）のいずれか、または、すべてが脂肪酸とエステル結合したもので、トリグリセリドやワックスなどがあります。

複合脂質は、脂肪酸とグリセリン以外にリン酸や糖などが加わったものを指します。代表的な複合脂質はリン脂質で、細胞膜（脂質二重層）の主成分です（**図8**）。脂肪酸は脂肪族炭化水素にカルボキシル基が1個結合したカルボン酸で、一般式はRCOOHです。

■図8 リン脂質

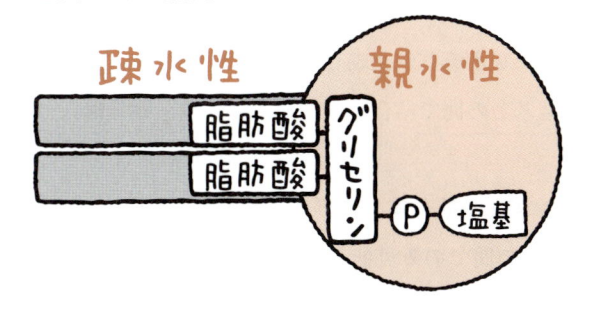

脂質代謝

脂質代謝の要はβ酸化で、大事なポイントは以下の7つにまとまります。

> ①脂肪酸を活性化してアシルCoAにして、酸化回路を1回転するごとにアセチルCoAを産生する
> ②アセチルCoAはTCAサイクルに入る
> ③炭素数が偶数の脂肪酸はすべてアセチルCoAになる
> ④炭素数が奇数の脂肪酸は最後にプロピオニルCoAになる
> ⑤プロピオニルCoAはメチルマロニルCoAに変換される
> ⑥メチルマロニルCoAはさらにサクシニルCoAに変換される
> ⑦サクシニルCoAとしてTCAサイクルに入る

核酸

核酸は、ヒトだけでなくすべての生物にとって必須の高分子化合物で、DNA（デオキシリボ核酸）とRNA（リボ核酸）に分かれます。これらを構成する基本単位は、塩基と糖とリン酸からなるモノヌクレオチドです（表5）。核酸の構造はP.8図2を参考にしてください。

DNA
P.7「DNA」も参照。

■表5 核酸の構成成分

核酸の種類		RNA	DNA
塩基	プリン塩基	アデニン グアニン	アデニン グアニン
	ピリミジン塩基	シトシン ウラシル	シトシン チミン
糖		リボース	デオキシリボース
リン酸		H_2PO_4	H_2PO_4

核酸は「細胞の核から取り出した酸性物質」という意味だよ

モノヌクレオチド中の糖が、隣のモノヌクレオチド中のリン酸とエステル結合により結合するとジヌクレオチドになりますが、この結合を延々と繰り返すとヒモ状のポリヌクレオチドが完成します。これが2本会合して、プリン塩基とピリミジン塩基との間で結合し、最終的に二重らせん構造になったものがDNAです。

プリン塩基とピリミジン塩基の結合は、アデニンとチミン（またはウラシル）、グアニンとシトシンの間でのみ可能というルールに従います。こ

の結果、1本のDNA鎖上の塩基配列がペアの鎖上の塩基配列を決めてしまう相補性という現象が成立します。

核酸代謝

核酸代謝は、プリンとピリミジンの分解がポイントになります。結論からいうと、プリンは尿酸に変換され尿中に排泄されます。ピリミジンはアンモニアと二酸化炭素に変換され、アンモニアは肝臓で尿素に変換され尿中に排泄されます。二酸化炭素は肺から排出します。ちなみに、1日の排出量は約13モル。体積に換算すると約290Lです（∵気体1モルの体積は22.4L）。

ATPの構造と機能

アデノシン三リン酸（ATP）は、アデノシンというヌクレオチドにリン酸が3個結合した化合物です（図9）。ATPからリン酸が1つ離れてアデノシン二リン酸（ADP）になるときにエネルギーを放出します。逆にエネルギーを吸収すれば、ADPとリン酸からATPを合成することができます。

生体は栄養素を酸化して生命維持に必要なエネルギーを生産しているわけですが、この過程（これを生体酸化と呼びます）で得られるエネルギーの一部を化学的エネルギー（主としてATP）として蓄えて生命活動に利用するのです。残りのエネルギーは熱になります。

AMP
adenosine monophosphate
：アデノシン一リン酸

■図9 ATPの構造

ATPは広く生物界に共通して存在するエネルギー貯蔵物質です

ビタミン

ビタミンは糖、脂質、タンパク質、ミネラル以外の栄養素です。摂取しても身体の構成成分はおろかエネルギー源にすらなりませんが、細胞の代謝にとっては必要不可欠な存在です。ただし、ヒトの体内では合成できない物質で、いろいろな食品から摂取する必要があります。

ビタミンは脂溶性ビタミン（A、D、E、K）と水溶性ビタミン（B群、C）に大別されます（表6）。これらのうちビタミンB群を中心に復習します。

■表6 ビタミンの分類

脂溶性

ビタミン	別名
ビタミンA	レチノール
ビタミンD	エルゴカルシフェロール
ビタミンE	トコフェロール
ビタミンK	フィロキノン

水溶性

ビタミン	別名
ビタミンB_1	チアミン
ビタミンB_2	リボフラビン
ビタミンB_3	ナイアシン（ニコチン酸）
ビタミンB_5	パントテン酸
ビタミンB_6	ピリドキシン
ビタミンB_{12}	シアノコバラミン
ビタミンC	アスコルビン酸
ビタミンM	葉酸
ビタミンH	ビオチン

ビタミンB_1

ビタミンB_1は、体内でチアミンピロリン酸に変換され、糖質代謝に必要な各種酵素の補酵素としてはたらきます。代表的な酵素はピルビン酸脱水素酵素で、ビタミンB_1が不足するとピルビン酸からアセチルCoAがつくられなくなるのでTCAサイクルがストップし、ATP生産量が低下します。その結果、細胞がエネルギー不足に陥るので、エネルギーを大量に消費する臓器の機能障害、例えば心筋収縮力低下（＝心不全）が起こると予想されます。

また、嫌気的解糖が進行して乳酸産生が増加し、血液中に多量の乳酸が放出されます。この状態が乳酸アシドーシス（血液中の乳酸濃度＞5mEq/L）で、最近ではビタミンB_1を含まない高カロリー輸液による発症が問題視されています。

嫌気的解糖

無酸素状態での解糖系の経路のこと。

脚気

脚気はビタミンB₁欠乏症です。19世紀後半の欧米では、脚気は東南アジアの風土病だと考えられていました。当時の欧米には患者がいなかったからです。初発症状は多彩（手足のしびれ、動悸、足のむくみ、食欲不振など）ですが、進行すると歩行困難になり、最後には心不全になります。

例題6

ビタミンB₁と欠乏症の組み合わせで正しいのはどれか。

1. ビタミンB₁――ウェルニッケ脳症
2. ビタミンC――脚　気
3. ビタミンD――新生児メレナ
4. ビタミンE――悪性貧血

（第101回午前問題30）

解いてみよう!!

解答・解説

[解答] 1

[解説] ビタミンB₁が欠乏すると、脚気のほかにウェルニッケ脳症（アルコール依存症に伴ってみられる症状で、動眼神経麻痺とせん妄が特徴的）が生じることがあります。よって正解は1。3の新生児メレナはビタミンK、4の悪性貧血はこれから解説するビタミンB₁₂の欠乏によって生じます。

ビタミンB₃

ビタミンB₃（別名：ニコチン酸）のおもな生理作用は、NAD⁺（ニコチンアミドアデニンジヌクレオチド、酸化型）、NADH（ニコチンアミドアデニンジヌクレオチド、還元型）、NADP⁺（ニコチンアミドアデニンジヌクレオチドリン酸、酸化型）、NADPH（ニコチンアミドアデニンジヌクレオチドリン酸、還元型）として酸化還元反応の補酵素として機能することです。

反応例を1つだけ挙げると、乳酸からピルビン酸への反応です。酵素は**乳酸脱水素酵素**（LDH：lactate dehydrogenase）です。この反応の生理的意義は、乳酸から（ピルビン酸を経て）アセチルCoAがつくられること、つまり**TCAサイクルの玄関口に相当する反応**だということです。ビタミンB₃欠乏時には、当然、乳酸からピルビン酸への反応がストップすると予想されます。

ビタミン B₅

ビタミンB₅は<u>コエンザイムA（CoA）の合成</u>に関与します。合成経路を5段階に分けて考えると、ビタミンB₅は最初から必要です。

第1段階	リン酸＋パントテン酸（注：パントテン酸＝ビタミンB₅）
第2段階	リン酸＋パントテン酸＋システイン
第3段階	システインの脱炭酸
第4段階	AMP＋リン酸＋パントテン酸＋脱炭酸されたシステイン
最終段階	AMPの一部（正確にはリボースの3'）のリン酸化 ⇒ これで完成

ビタミン B₆

ビタミンB₆は、<u>多種多様な化学反応の補酵素</u>としてはたらきます。脳細胞の興奮性を鎮めるはたらきをするGABA（γアミノ酪酸）の合成にも関与します。また、GOT（AST）やGPT（ALT）が関与する反応の補酵素としても重要です。

グルタミン酸は、脱水素酵素のはたらきによって酸化（正確には酸化的脱アミノ化）され、αケトグルタール酸に変化しますが、その際に生成されるのがアンモニアです。この反応の補酵素がNAD⁺です。したがって、ビタミンB₃とB₆は<u>アンモニアの生成</u>に大きな役割を果たしています。

ビタミン K

ビタミンK拮抗薬は、最も重要な薬の1つです。肝臓での<u>血液凝固因子合成</u>にはビタミンKが必要です。ビタミンK拮抗薬は血液凝固因子合成を阻害します。したがって、<u>血栓形成を防止する目的</u>で処方されます。

悪性貧血

<u>ビタミンB₁₂</u>や<u>葉酸</u>の欠乏によって生じる貧血を、<u>悪性貧血</u>と呼びます。ほとんどは（<u>胃切除後</u>の胃内因子欠乏による）腸管でのビタミンB₁₂吸収障害が原因です。関節リウマチのために葉酸阻害薬を処方されている患者には、葉酸欠乏性の悪性貧血が出現します。

ビタミンD

　ビタミンDは抗くる病因子として発見された物質で、肝臓と腎臓のはたらきによって活性化型ビタミンDに変化し、骨量を増加させます。ビタミンDが豊富な3大食物は魚類、椎茸などのキノコ類、および鶏卵ですが、ビタミンDは食物から摂取する以外に日光（紫外線）を浴びると皮膚のなかに形成されます。

　高齢になると骨量が減少して骨折リスクが高まります。原因の1つとして、高齢者はもともと屋内で過ごすことが多いうえに、日光浴しても皮膚で十分量のビタミンDを合成できず、そのためにビタミンD不足になりやすいことが挙げられます。最近、UVカット率の高い日焼け止めクリームやローションが盛んに宣伝されていますが、UVカットもほどほどが一番かもしれません。

演習問題 8 ─ 確認のためもう一度トライ！

問題1 水溶性ビタミンはどれか。

1. ビタミンA
2. ビタミンC
3. ビタミンD
4. ビタミンE
5. ビタミンK

（第102回午後問題72）

問題2 手術後にビタミンB_{12}欠乏症が生じるのはどれか。

1. 胃全摘出術
2. 脾臓全摘出術
3. 胆嚢摘出術
4. 肝臓部分切除術

（第92回午前問題21）

問題3 ビタミンと欠乏症との組合せで正しいのはどれか。

a. ビタミンA──夜盲症
b. ビタミンB_1──脚気
c. ビタミンB_2──悪性貧血
d. ビタミンC──くる病

1. a, b
2. a, d
3. b, c
4. c, d

（第85回午前問題11）

正解はP.135をチェック！

化学 演習問題 解答・解説

演習問題 (P.92) 1

[解答] イオウ

[解説] 電子2個を得てイオン化する元素は6個の価電子をもつはずです。つまり、周期律表では第16族です。この条件を満たすのはイオウのみ。第17族の塩素とヨウ素は価電子が7個なので、電子1個を得て1価の陰イオンになります。ナトリウム、マグネシウム、アルミニウムは陽イオンになります。

演習問題 (P.98) 2

[解答] 1mEq

[解説] メイロン®静注8.4% 1000mL中に含まれている重曹の重さは84g。重曹の化学式は$NaHCO_3$で分子量は84.01。Na^+もHCO_3^-も1価イオンなので、1モル＝1当量。つまり、メイロン®静注8.4% 1000mL中には1当量（＝84g）の重曹が溶けています。したがって、メイロン®静注8.4% 1mL中には1mEqの重曹が含まれているというのが正解です。メイロン®注には7%溶液と8.4%溶液があります。8.4%とは「ナント中途半端な」と思われるかもしれませんが、計算結果からもわかるように、1mLの注射で1mEq投与できるように、わざわざ調整したわけです。

演習問題 (P.100) 3

[解答] 360mEq/L

[解説] 計算は2段階です。
①塩化カルシウム$CaCl_2$の分子量を計算して塩化カルシウム20gのモル数を求めます。

分子量＝40.1×1＋35.5×2＝111.1
（小数点第1位を四捨五入）

モル数＝20÷111＝0.18 mol＝180mM

②カルシウムは2価イオンなので、1モル＝2当量、つまり1mM＝2mEq。当量数＝モル数×2＝180×2＝360mEq

演習問題 (P.101) 4

[解答] 約70℃

[解説] 図6（P.102）の縦軸上で300hPaのポイントを探し、そこから立てる垂線と水蒸気圧曲線と交点を求め、交点から横軸に下ろした垂線と横軸との交点（温度）を読み取ります。

演習問題 (P.105) 5

問題1

[解答] 10^5（g）

[解説] 求める分子量をM（単位はg）とすると、タンパク質2gの物質量は$\frac{2}{M}$モルです。これは、ファントホッフの式中の溶質n（単位はmol）に相当します。

$$\therefore \varPi v = \left(\frac{2}{M}\right) \times RT$$

$$\therefore \varPi v = \frac{2RT}{M}$$

$$\therefore M = \frac{2RT}{\varPi v}$$

$$= \frac{2 \times 8.31 \times (273+27)}{0.5 \times 0.1}$$

$$= \frac{4986}{0.05}$$

$$= 99720$$

$$\fallingdotseq 10^5（単位はg）$$

問題2

[解答] 308（mOsm）

[解説]「それ以上分離しないある物質1モルを含んだ溶液の呈する浸透圧」が1オスモル（略語はOsm）です。生理食塩水1L中には、ナトリウムイオンと塩素イオンが154mMずつ、つまりこれ以上分離しない物質が308mM（154mM＋154mM＝308mM）含まれています。

したがって、浸透圧は1モル当たり1オス

モルなので、308mOsm。これが血液の浸透圧にほぼ等しいので、生理食塩水（略して生食水）というわけです。浸透圧が等しいことを等張（アイソトニック、isotonic）といいます。

問題3

[解答] 308mOsm/L

[解説] 生理食塩水とは「0.9％塩化ナトリウム水溶液」、つまり「9gのNaClを水に溶かして1Lに調整した液」のことです。まずNaClの分子量から、9gのモル数を計算します。

　　分子量＝23＋35.5＝58.5（単位はg）
　　モル数＝9÷58.5＝0.154mol＝154mM

NaClはNa$^+$とCl$^-$の2つの粒子に電離するため、

　　浸透圧＝モル数×2＝154×2＝308（単位はmOsm/L）

ちなみに、実測値は285mOsm/L。理論値とは20mOsm/L以上の差があります。生理食塩水中でのNaClの電離が不完全なために生じる差です。

演習問題 (P.108) 6

[解答] 22g

[解説] 方程式から、1モルのグルコースを消費すると6モルの二酸化炭素が生じることを読み解ければあとは計算のみです。

ステップ1：グルコースと二酸化炭素の分子量を計算する。

　　グルコースの分子量
　　　＝12×6＋1×12＋16×6＝72＋12＋96＝180（単位はg）
　　二酸化炭素の分子量
　　　＝12×1＋16×2＝12＋32＝44（単位はg）

ステップ2：比例式を立てる。

　　グルコース1モル（180g）で二酸化炭素6モル（44×6＝264g）なので、「グルコース15gでは二酸化炭素何gか？」

ステップ3：比例式を解く。

　　求めるg数＝264×15÷180＝22

演習問題 (P.123) 7

[解答] ヒスチジン、アルギニン、リジン

[解説] P.123図4より、等電点がpH＝7から大幅にずれているアミノ酸は5つ（H、R、K、E、D）のみ。このうち、中性水溶液中でプラスに荷電するのは、等電点がアルカリ側にずれている塩基性アミノ酸（H、R、K）です。酸性側にずれている酸性アミノ酸（E、D）はマイナスに荷電します。

演習問題 (P.133) 8

問題1　[解答] 2

問題2　[解答] 1

問題3　[解答] 1

巻末資料 周期表

族\周期	1	2	3	4	5	6	7	8	9	10	11	12	13	14	15	16	17	18
1	1H 水素 1.008																	2He ヘリウム 4.003
2	3Li リチウム 6.941	4Be ベリリウム 9.012											5B ホウ素 10.81	6C 炭素 12.01	7N 窒素 14.01	8O 酸素 16.00	9F フッ素 19.00	10Ne ネオン 20.18
3	11Na ナトリウム 22.99	12Mg マグネシウム 24.31											13Al アルミニウム 26.98	14Si ケイ素 28.09	15P リン 30.97	16S 硫黄 32.07	17Cl 塩素 35.45	18Ar アルゴン 39.95
4	19K カリウム 39.10	20Ca カルシウム 40.08	21Sc スカンジウム 44.96	22Ti チタン 47.87	23V バナジウム 50.94	24Cr クロム 52.00	25Mn マンガン 54.94	26Fe 鉄 55.85	27Co コバルト 58.93	28Ni ニッケル 58.69	29Cu 銅 63.55	30Zn 亜鉛 65.39	31Ga ガリウム 69.72	32Ge ゲルマニウム 72.64	33As ヒ素 74.92	34Se セレン 78.96	35Br 臭素 79.90	36Kr クリプトン 83.80
5	37Rb ルビジウム 85.47	38Sr ストロンチウム 87.62	39Y イットリウム 88.91	40Zr ジルコニウム 91.22	41Nb ニオブ 92.91	42Mo モリブデン 95.94	43Tc テクネチウム (99)	44Ru ルテニウム 101.1	45Rh ロジウム 102.9	46Pd パラジウム 106.4	47Ag 銀 107.9	48Cd カドミウム 112.4	49In インジウム 114.8	50Sn スズ 118.7	51Sb アンチモン 121.8	52Te テルル 127.6	53I ヨウ素 126.9	54Xe キセノン 131.3
6	55Cs セシウム 132.9	56Ba バリウム 137.3	ランタノイド 57~71	72Hf ハフニウム 178.5	73Ta タンタル 180.9	74W タングステン 183.8	75Re レニウム 186.2	76Os オスミウム 190.2	77Ir イリジウム 192.2	78Pt 白金 195.1	79Au 金 197.0	80Hg 水銀 200.6	81Tl タリウム 204.4	82Pb 鉛 207.2	83Bi ビスマス 209.0	84Po ポロニウム (210)	85At アスタチン (210)	86Rn ラドン (222)
7	87Fr フランシウム (223)	88Ra ラジウム (226)	アクチノイド 89~103	104Rf ラザホージウム (261)	105Db ドブニウム (262)	106Sg シーボーギウム (263)	107Bh ボーリウム (264)	108Hs ハッシウム (269)	109Mt マイトネリウム (268)	110Ds ダームスタチウム (269)	111Rg レントゲニウム (272)							

原子量は、物質1モル当たりの質量(g)を表しています。同じ原子核でも、質量数の異なる原子核がある場合があり、このような原子核を互いに同位体と呼びます。同位体が存在する原子は、それらの存在比で平均した値になっています。

原子番号 → □00 ← 元素記号
元素名
原子量

■は金属元素
■は非金属元素

※は人工的につくられた元素のこと。

ランタノイド: 57La ランタン 138.9 | 58Ce セリウム 140.1 | 59Pr プラセオジム 140.9 | 60Nd ネオジム 144.2 | 61Pm プロメチウム (145) | 62Sm サマリウム 150.4 | 63Eu ユウロピウム 152.0 | 64Gd ガドリニウム 157.3 | 65Tb テルビウム 158.9 | 66Dy ジスプロシウム 162.5 | 67Ho ホルミウム 164.9 | 68Er エルビウム 167.3 | 69Tm ツリウム 168.9 | 70Yb イッテルビウム 173.0 | 71Lu ルテチウム 175.0

アクチノイド: 89Ac アクチニウム (227) | 90Th トリウム 232.0 | 91Pa プロトアクチニウム 231.0 | 92U ウラン 238.0 | 93Np ネプツニウム (237) | 94Pu プルトニウム (239) | 95Am アメリシウム (243) | 96Cm キュリウム (247) | 97Bk バークリウム (247) | 98Cf カリホルニウム (252) | 99Es アインスタニウム (252) | 100Fm フェルミウム (257) | 101Md メンデレビウム (258) | 102No ノーベリウム (259) | 103Lr ローレンシウム (262)

数研出版編集部 編:フォトサイエンス物理図録 改訂版. 数研出版. 東京. 2008 を参考に作成

INDEX 索引

略語・欧文

- ABO式血液型 28
- ATP 11、129
- B細胞 48
- DNA 7
- GFR 60
- IgA 49
- IgD 49
- IgE 49
- IgG 49
- IgM 49
- mEq 98
- mRNA 9
- NK細胞 48
- RNA 8
- *SRY*遺伝子 27
- TCA回路 121
- tRNA 9
- T細胞 48
- X染色体 27
- Y染色体 27
- αヘリックス 124
- β酸化 128
- βシート 124

和文

あ

- アウエルバッハ神経叢 63
- アクアポリン 61
- アクチン 25、33
- アセチルコリン 32、52
- アデニン 7
- アデノシン三リン酸 11、129
- アナボリズム 11
- アボガドロ数 86、96
- アポ酵素 13
- アミノ基転移 126
- アミノ酸 87、122
- アミラーゼ 12、14
- アルカリ金属 112
- アルカリ土類金属 112
- アルコール 87、116
- アルドース 120
- アルドステロン 61、62
- アルブミン 46

い

- イオン価 86、94
- イオン化エネルギー 94
- イオン結合 93
- イオン式 93
- 異化 11
- 閾値 21
- 一方向性伝導 24
- 遺伝子組み換え 30
- 遺伝子突然変異 30
- インスリン 65

う

- 右心室 51
- 右心房 51
- ウラシル 8

え

- 液化 101
- 腋窩温 71
- エリスロポエチン 59、63
- 塩 111
- 塩基 110
- 塩基のイオン価 110
- エンザイム 11

お

- 黄体期 69
- オキシトシン 70
- オリゴペプチド 122

か

- 価 117
- 外殻温 71
- 外殻部 71
- 外呼吸 54
- 開始コドン 9
- 解糖系 121
- 化学反応式 106
- 化学平衡の法則 109
- 化学変化 101
- 拡散 57
- 核酸 87、128
- 核酸代謝 129
- 核心温 71
- 核心部 71
- 獲得免疫 48
- 加水分解酵素 19
- ガス交換 54、55
- カタボリズム 11
- 脚気 131
- 活性化エネルギー 12
- 活性部位 13
- 活動電位 20
- 価電子 86、90
- 過分極 20
- 鎌状赤血球貧血症 30
- カリウムイオン 17
- 換気 54
- 環式化合物 115
- 肝臓 63
- 杆体細胞 40
- 冠動脈 51
- 官能基 116

き

- 気化 101
- 希ガス 90、113
- 基質特異性 13
- キシレン 118
- 基礎体温 69
- 気体定数 18
- 逆反応 108
- 級 116
- 嗅覚 40、42
- 吸息 54
- 胸郭 54
- 凝固 101
- 競合的阻害 76
- 凝縮 101
- 共有結合 94
- キラーT細胞 48
- 筋節 25
- 金属結合 95
- 金属元素 92
- 金属酵素 113

く

- グアニン 7
- クラーレ 75
- グリセリン 87
- グルコース 120
- グロブリン 46

け

- 形質細胞 47
- 係数 106
- 血液凝固 49
- 血液凝固因子 49
- 月経周期 68、69
- 血漿 45
- 血小板 45
- 血餅 49
- ケトース 120
- 原子 86、88
- 原子価 95
- 原子量 96
- 減数分裂 26
- 元素 86、88

こ

- 交感神経系 73
- 口腔温 71

137

抗原	46
抗原提示細胞	46
抗コリン薬	77
恒常性	44
甲状腺ホルモン	65
酵素	11、113
構造式	95
興奮	20
コエンザイム A	132
呼吸筋	54
呼息	54
コドン	9
混合ガス	54

さ

最大収容電子数	89
サイトカイン	48
再分極	20
細胞	6
細胞核	6
細胞質	6
細胞傷害性 T 細胞	48
細胞性免疫	47
細胞膜	6、15
鎖式化合物	115
左心室	51
左心房	51
サルコメア	25
酸化ヘモグロビン	46
酸素解離曲線	57
酸素分圧	55
酸のイオン価	110
酸の電解定数	109

し

視覚	40
糸球体	60
糸球体濾過量	60
刺激伝導系	52
視細胞	40
脂質	127
脂質二重層	15
自然免疫	47
膝蓋腱反射	38
質量作用の法則	109
シトシン	7
シナプス	24
シナプス小胞	32
シナプス伝達	24
ジペプチド	122
脂肪族化合物	115
周期	92
周期律表	86、91
集合管	60
終止コドン	9
自由電子	95
授乳	70
昇華	101
蒸気圧	101
脂溶性ビタミン	130

常染色体	27
常染色体異常	29
蒸発	101
触媒	12
自律神経系	38
真核細胞	7、26
神経接合部	32
腎小体	60
心臓	51
腎臓	58
伸張反射	38
陣痛	70
浸透圧	103
心拍出量	51

す

錐体細胞	40
水溶性ビタミン	130

せ

静止電位	15、17、20
性周期	68
性染色体	27
性染色体異常	29
生体防御	46
正反応	108
脊髄	37
脊髄神経	38
赤緑色覚異常	29
赤血球	45
セットポイント	72
遷移元素	92、112
全か無かの法則	21
染色体	27
染色体突然変異	29
全透膜	15

そ

増殖期	69
相同染色体	26
相補性	7
族	92

た

体液性免疫	46
大気圧	54
体細胞分裂	26
代謝	11
体循環系	51
体性神経系	38
対立遺伝子	28
対立形質	28
多原子イオン	94
脱分極	20
多糖類	120
炭化水素	87、115
単球	46
炭酸脱水素酵素	14
単純脂質	87、127
炭水化物	120

単糖類	120
タンパク質	87、124
タンパク質の変性	125

ち

チミン	7
中枢神経系	35
聴覚	40、41
跳躍伝導	22
直腸温	71

て

デオキシリボ核酸	7
電解質	94
電気化学ポテンシャル	18
電気的分極	20
典型元素	92、112
電子殻	86、89
転写	8
伝達	22
伝導	22
電離度	110

と

同化	11
糖質	87
同族元素	92
等電点	122
洞房結節細胞	52
ドナン分布	16
ドナン平衡	16
跳び跳び伝導	22
トランスファー RNA	9
トリプシン	14
トリプレット	9
トリペプチド	122
トルエン	118
トロンビン	50
貪食細胞	47

な

内呼吸	54
ナチュラルキラー細胞	48
ナトリウムポンプ	19

に

ニコチン性受容体	32
二酸化炭素	54
二糖類	120
乳酸アシドーシス	130
乳酸脱水素酵素	131
ニューロン	24
尿細管	60
妊娠	70
妊娠黄体	69

ね

熱化学方程式	107
ネフロン	60
ネルンストの式	18

の
脳神経 38
能動輸送 19
ノルアドレナリン 52

は
肺循環系 51
排卵 69
排卵期 69
バソプレシン 61
白血球 45
ハロゲン 113
伴性遺伝 29
半透膜 15
反応速度 14

ひ
非金属元素 92
ビスマス 114
ビタミンK 49、132
必須微量元素 113
微量元素 113
ピルビン酸脱水素酵素 130

ふ
ファントホッフの式 104
フィードバック 67
フィブリノゲン 50
フィブリン 50
フェノール類 118
副交感神経系 73
複合脂質 127
複製 8
沸点 101
沸騰 101
物理変化 101
ブドウ糖 120
不透膜 15
不飽和化合物 115
震え熱産生 71
プロトロンビン 50
プロラクチン 70
分圧 54
分子 88
分子式 95
分子量 86、97
分泌期 69
分娩 70

へ
平衡移動 109
平衡覚 40、41
平行状態の移動 109
平衡定数 109
平衡電位 18
ヘキソース 120
ペプシン 14
ペプチド結合 122
ヘマトクリット値 45
ヘモグロビン 46、54
ベル・マジャンディーの法則 37
ヘルパーT細胞 48
ベンゼン 118
ベンゼン環 118
ペントース 120
ヘンリーの法則 102

ほ
芳香族化合物 118
飽和化合物 115
ボーマン嚢 60
補酵素 13
補助因子 113
ホメオスタシス 44
ポリペプチド 122
翻訳 8

ま
マイスナー神経叢 63
マクロファージ 46
末梢神経系 35、38

み
ミオシン 25、33
味覚 40、42
水の水和積 111
ミトコンドリア 6
ミリ当量 98

む
無機化合物 115
無機触媒 12
無髄神経 22
ムスカリン性受容体 76

め
メタボリズム 11

メチオニン 9
メッセンジャーRNA 9
免疫 46
免疫グロブリン 49

も
モノヌクレオチド 128
モル 96
モル質量 98
モル数 98
モル濃度 99

ゆ
有糸分裂 26
融解 101
有機化合物 115
有機触媒 12
有髄神経 22
陽イオン 92

よ
溶解度 102

ら
卵管采 70
卵管膨大部 70
卵巣周期 68
ランビエ絞輪 22
卵胞期 69

り
リボ核酸 8
リボソーム 6
両性化合物 122
両方向性伝導 22
リン脂質 15、127
リンパ球 46、48

る
ルシャトリエの法則 109

れ
レニン 59、62
レニン・アンジオテンシン・アルドステロン系 62

ろ
ロドプシン 40

引用・参考文献

1. J. D. Gatford, N. Phillips 著, 時政孝行 訳：看護計算　薬用量計算トレーニング. エルゼビア・ジャパン, 東京, 2007.
2. 時政孝行：与薬に必須の計算能力の向上・教授法, 看護教育 2008. 49；3：216-218.
3. 時政孝行 編著：なぜこうなる？　心電図　波形の成立メカニズムを考える. 九州大学出版会, 福岡, 2007.
4. 時政孝行 編著：高齢者医療ハンドブック. 九州大学出版会, 福岡, 2007.
5. 時政孝行：今さら聞けない　看護に必要な理科・数学の基本知識, プチナース 2008；10：19-38.
6. 時政孝行：神経細胞の興奮. TEXT生理学, 堀清記 編, 南山堂, 東京, 1999：296-317.
7. 時政孝行：かぶとやまの薬草. 新風舎, 東京, 2005.

著者
時政孝行 Takayuki Tokimasa

1981年久留米大学大学院修了。マサチューセッツ工科大学研究員、東海大学教授などを経て、2001年から久留米大学客員教授（生理学）。2015年医療法人芳英会参与。

プチナースBOOKS
看護に必要な やりなおし生物・化学

2013年12月4日　第1版第1刷発行	著　者	時政　孝行
2024年2月10日　第1版第11刷発行	発行者	有賀　洋文
	発行所	株式会社　照林社
		〒112-0002
		東京都文京区小石川2丁目3-23
		電話　03-3815-4921（編集）
		03-5689-7377（営業）
		https://www.shorinsha.co.jp/
	印刷所	大日本印刷株式会社

- ●本書に掲載された著作物（記事・写真・イラスト等）の翻訳・複写・転載・データベースへの取り込み、および送信に関する許諾権は、照林社が保有します。
- ●本書の無断複写は、著作権法上での例外を除き禁じられています。本書を複写される場合は、事前に許諾を受けてください。また、本書をスキャンしてPDF化するなどの電子化は、私的使用に限り著作権法上認められていますが、代行業者等の第三者による電子データ化および書籍化は、いかなる場合も認められていません。
- ●万一、落丁・乱丁などの不良品がございましたら、「制作部」あてにお送りください。送料小社負担にて良品とお取り替えいたします（制作部 ☎0120-87-1174）。

検印省略（定価はカバーに表示してあります）
ISBN978-4-7965-2312-7
©Takayuki Tokimasa/2013/Printed in Japan